监理工程师学习丛书

建设工程进度控制

（土木建筑工程）

中国建设监理协会　组织编写

中国建筑工业出版社

图书在版编目（CIP）数据

建设工程进度控制：土木建筑工程／中国建设监理
协会组织编写. — 北京：中国建筑工业出版社，2021.3（2021.12重印）
（监理工程师学习丛书）
ISBN 978-7-112-25915-1

Ⅰ. ①建… Ⅱ. ①中… Ⅲ. ①土木工程－施工进度计
划－施工管理－资格考试－自学参考资料 Ⅳ. ①TU722

中国版本图书馆CIP数据核字(2021)第034425号

本书全面阐释《建设工程目标控制》科目考试大纲中"建设工程进度控制"内容，可作为土木建筑工程专业技术人员业务培训、继续教育和参加全国监理工程师职业资格考试的参考用书。

本书紧扣考试大纲内容，共分六章。分别是：建设工程进度控制概述；流水施工原理；网络计划技术；建设工程进度计划实施中的监测与调整；建设工程设计阶段进度控制；建设工程施工阶段进度控制。

本书还可作为工程监理单位、建设单位、勘察设计单位、施工单位和政府各级建设主管部门有关人员及大专院校工程管理、工程造价、土木工程类专业学生的参考书。

责任编辑：范业庶　张　磊　杨　杰
责任校对：赵　颖

监理工程师学习丛书
建设工程进度控制（土木建筑工程）
中国建设监理协会　组织编写

*

中国建筑工业出版社出版、发行（北京海淀三里河路9号）
各地新华书店、建筑书店经销
北京红光制版公司制版
北京同文印刷有限责任公司印刷

*

开本：787毫米×1092毫米　1/16　印张：9¾　字数：240千字
2021年3月第一版　2021年12月第四次印刷
定价：**39.00**元（含增值服务）
ISBN 978-7-112-25915-1
（38267）

监理工程师学习丛书

审 定 委 员 会

主　　　任：王早生

副　主　任：王学军　修　璐

审定人员：温　健　刘伊生　杨卫东　李　伟　李明安

王雪青　李清立　邓铁军　张守健　姜　军

编 写 委 员 会

主　　　编：刘伊生

副　主　编：李明安　王雪青　李清立　邓铁军　张守健

姜　军

其他编写人员（按姓氏笔画排序）：

付晓明　刘洪兵　许远明　孙占国　李　伟

杨卫东　何红锋　陈大川　郑大明　赵振宇

龚花强　谭大璐

前　言

为了更好地适应《监理工程师职业资格制度规定》及《监理工程师职业资格考试实施办法》要求，诠释《建设工程目标控制》科目考试大纲中的建设工程进度控制，中国建设监理协会组织专家编写本书。

本书按照新的考试大纲，吸收最新颁布的有关法律法规及标准文本，结合《建设工程监理规范》GB/T 50319—2013 编写，充分考虑全国监理工程师培训和职业资格考试的特点，力求可操作性，重点阐述建设工程实施阶段进度控制的具体工作内容、程序及方法。

本书共分六章，包括：建设工程进度控制概述；流水施工原理；网络计划技术；建设工程进度计划实施中的监测与调整；建设工程设计阶段进度控制；建设工程施工阶段进度控制。

本书由张守健（哈尔滨工业大学教授）和刘伊生（北京交通大学教授）主编，曹吉鸣（同济大学教授）和周坚（浙江大学副教授）主审。第一章和第三章由刘伊生编写，第二章由刘洪兵（西北工业大学教授）编写，第四章由付晓明（深圳市建艺国际工程顾问有限公司高级工程师）编写，第五章和第六章由张守健编写。

由于水平有限，难免有不妥之处，请广大读者批评指正。

《建设工程进度控制（土木建筑工程）》编写组

2021 年 3 月

目 录

第一章　建设工程进度控制概述 ………………………………………………… 1

第一节　建设工程进度控制的概念 …………………………………………… 1

一、进度控制的概念 ………………………………………………………… 1

二、影响进度的因素分析 …………………………………………………… 1

三、进度控制的措施和主要任务 …………………………………………… 2

四、建设项目总进度目标的论证 …………………………………………… 4

第二节　建设工程进度控制计划体系 ………………………………………… 5

一、建设单位的计划系统 …………………………………………………… 6

二、监理单位的计划系统 …………………………………………………… 9

三、设计单位的计划系统 …………………………………………………… 10

四、施工单位的计划系统 …………………………………………………… 12

第三节　建设工程进度计划的表示方法和编制程序 ………………………… 13

一、建设工程进度计划的表示方法 ………………………………………… 13

二、建设工程进度计划的编制程序 ………………………………………… 16

三、计算机辅助建设项目进度控制 ………………………………………… 18

思考题 …………………………………………………………………………… 19

第二章　流水施工原理 …………………………………………………………… 20

第一节　基本概念 ……………………………………………………………… 20

一、流水施工方式 …………………………………………………………… 20

二、流水施工参数 …………………………………………………………… 22

三、流水施工的基本组织方式 ……………………………………………… 26

第二节　有节奏流水施工 ……………………………………………………… 26

一、固定节拍流水施工 ……………………………………………………… 26

二、成倍节拍流水施工 ……………………………………………………… 28

第三节　非节奏流水施工 ……………………………………………………… 31

一、非节奏流水施工的特点 ………………………………………………… 31

二、流水步距的确定 ………………………………………………………… 31

三、流水施工工期的确定 …………………………………………………… 32

思考题 …………………………………………………………………………… 33

练习题 …………………………………………………………………………… 33

第三章　网络计划技术 …………………………………………………………… 35

第一节　基本概念 ……………………………………………………………… 35

一、网络图的组成 …………………………………………………………… 35

二、工艺关系和组织关系 …………………………………………………… 36

三、紧前工作、紧后工作和平行工作 ……………………………………… 36

四、先行工作和后续工作 …………………………………………………… 37

五、线路、关键线路和关键工作 …………………………………………… 37

第二节　网络图的绘制 ··· 37
一、双代号网络图的绘制 ··· 37
二、单代号网络图的绘制 ··· 43
第三节　网络计划时间参数的计算 ·· 44
一、网络计划时间参数的概念 ·· 45
二、双代号网络计划时间参数的计算 ······································ 46
三、单代号网络计划时间参数的计算 ······································ 55
第四节　双代号时标网络计划 ··· 59
一、时标网络计划的编制方法 ·· 59
二、时标网络计划中时间参数的判定 ······································ 62
三、时标网络计划的坐标体系 ·· 64
四、进度计划表 ·· 65
第五节　网络计划的优化 ·· 66
一、工期优化 ··· 66
二、费用优化 ··· 69
三、资源优化 ··· 75
第六节　单代号搭接网络计划和多级网络计划系统 ··················· 79
一、单代号搭接网络计划 ·· 79
二、多级网络计划系统 ··· 83
思考题 ·· 87
练习题 ·· 87
第四章　建设工程进度计划实施中的监测与调整 ······················· 90
第一节　实际进度监测与调整的系统过程 ······························ 90
一、进度监测的系统过程 ·· 90
二、进度调整的系统过程 ·· 91
第二节　实际进度与计划进度的比较方法 ······························ 92
一、横道图比较法 ·· 92
二、S曲线比较法 ·· 95
三、香蕉曲线比较法 ··· 97
四、前锋线比较法 ·· 100
五、列表比较法 ··· 102
第三节　进度计划实施中的调整方法 ······································ 103
一、分析进度偏差对后续工作及总工期的影响 ························· 103
二、进度计划的调整方法 ··· 104
思考题 ·· 109
第五章　建设工程设计阶段进度控制 ····································· 110
第一节　设计阶段进度控制的意义和工作程序 ······················· 110
一、设计阶段进度控制的意义 ·· 110
二、设计阶段进度控制工作程序 ··· 110
第二节　设计阶段进度控制目标体系 ······································ 111
一、设计进度控制分阶段目标 ·· 111
二、设计进度控制分专业目标 ·· 113
第三节　设计进度控制措施 ·· 113

一、影响设计进度的因素 ………………………………………………… 113

二、设计单位的进度控制 ………………………………………………… 114

三、监理单位的进度监控 ………………………………………………… 114

四、建筑工程管理方法 …………………………………………………… 115

思考题 …………………………………………………………………………… 116

第六章　建设工程施工阶段进度控制 ……………………………………… 117

第一节　施工阶段进度控制目标的确定 ……………………………… 117

一、施工进度控制目标体系 …………………………………………… 117

二、施工进度控制目标的确定 ………………………………………… 118

第二节　施工阶段进度控制的内容 …………………………………… 119

一、建设工程施工进度控制工作流程 ………………………………… 119

二、建设工程施工进度控制工作内容 ………………………………… 120

第三节　施工进度计划的编制与审查 ………………………………… 124

一、施工总进度计划的编制 …………………………………………… 124

二、单位工程施工进度计划的编制 …………………………………… 126

三、项目监理机构对施工进度计划的审查 …………………………… 129

第四节　施工进度计划实施中的检查与调整 ………………………… 130

一、影响建设工程施工进度的因素 …………………………………… 130

二、施工进度的动态检查 ……………………………………………… 131

三、施工进度计划的调整 ……………………………………………… 132

第五节　工程延期 ……………………………………………………… 133

一、工程延期的申报与审批 …………………………………………… 133

二、工程延期的控制 …………………………………………………… 135

三、工程延误的处理 …………………………………………………… 135

第六节　物资供应进度控制 …………………………………………… 136

一、物资供应进度控制概述 …………………………………………… 136

二、物资供应进度控制的工作内容 …………………………………… 138

思考题 …………………………………………………………………………… 146

第一章 建设工程进度控制概述

控制建设工程进度，不仅能够确保工程建设项目按预定的时间交付使用，及时发挥投资效益，而且有益于维持国家良好的经济秩序。因此，监理工程师应采用科学的控制方法和手段来控制工程项目的建设进度。

第一节 建设工程进度控制的概念

一、进度控制的概念

建设工程进度控制是指对工程项目建设各阶段的工作内容、工作程序、持续时间和衔接关系根据进度总目标及资源优化配置的原则编制计划并付诸实施，然后在进度计划的实施过程中经常检查实际进度是否按计划要求进行，对出现的偏差情况进行分析，采取补救措施或调整、修改原计划后再付诸实施，如此循环，直到建设工程竣工验收交付使用。建设工程进度控制的最终目的是确保建设项目按预定的时间动用或提前交付使用，建设工程进度控制的总目标是建设工期。

进度控制是监理工程师的主要任务之一。由于在工程建设过程中存在着许多影响进度的因素，这些因素往往来自不同的部门和不同的时期，它们对建设工程进度产生着复杂的影响。因此，进度控制人员必须事先对影响建设工程进度的各种因素进行调查分析，预测它们对建设工程进度的影响程度，确定合理的进度控制目标，编制可行的进度计划，使工程建设工作始终按计划进行。

但是，不管进度计划的周密程度如何，其毕竟是人们的主观设想，在其实施过程中，必然会因为新情况的产生、各种干扰因素和风险因素的作用而发生变化，使人们难以执行原定的进度计划。为此，进度控制人员必须掌握动态控制原理，在计划执行过程中不断检查建设工程实际进展情况，并将实际状况与计划安排进行对比，从中得出偏离计划的信息。然后在分析偏差及其产生原因的基础上，通过采取组织、技术、经济等措施，维持原计划，使之能正常实施。如果采取措施后不能维持原计划，则需要对原进度计划进行调整或修正，再按新的进度计划实施。这样在进度计划的执行过程中进行不断地检查和调整，以保证建设工程进度得到有效控制。

二、影响进度的因素分析

由于建设工程具有规模庞大、工程结构与工艺技术复杂、建设周期长及相关单位多等特点，决定了建设工程进度将受到许多因素的影响。要想有效地控制建设工程进度，就必须对影响进度的有利因素和不利因素进行全面、细致的分析和预测。这样，一方面可以促进对有利因素的充分利用和对不利因素的妥善预防；另一方面也便于事先制定预防措施，事中采取有效对策，事后进行妥善补救，以缩小实际进度与计划进度的偏差，实现对建设工程进度的主动控制和动态控制。

影响建设工程进度的不利因素有很多，如人为因素，技术因素，设备、材料及构配件因素，机具因素，资金因素，水文、地质与气象因素，以及其他自然与社会环境等方面的因素。其中，人为因素是最大的干扰因素。从产生的根源看，有的来源于建设单位及其上级主管部门；有的来源于勘察设计、施工及材料、设备供应单位；有的来源于政府、建设主管部门、有关协作单位和社会；有的来源于各种自然条件；也有的来源于建设监理单位本身。在工程建设过程中，常见的影响因素如下：

（1）业主因素。如业主使用要求改变而进行设计变更；应提供的施工场地条件不能及时提供或所提供的场地不能满足工程正常需要；不能及时向施工承包单位或材料供应商付款等。

（2）勘察设计因素。如勘察资料不准确，特别是地质资料错误或遗漏；设计内容不完善，规范应用不恰当，设计有缺陷或错误；设计对施工的可能性未考虑或考虑不周；施工图纸供应不及时、不配套，或出现重大差错等。

（3）施工技术因素。如施工工艺错误；不合理的施工方案；施工安全措施不当；不可靠技术的应用等。

（4）自然环境因素。如复杂的工程地质条件；不明的水文气象条件；地下埋藏文物的保护、处理；洪水、地震、台风等不可抗力等。

（5）社会环境因素。如外单位临近工程施工干扰；节假日交通、市容整顿的限制；临时停水、停电、断路；以及在国外常见的法律及制度变化，经济制裁，战争、骚乱、罢工、企业倒闭等。

（6）组织管理因素。如向有关部门提出各种申请审批手续的延误；合同签订时遗漏条款、表达失当；计划安排不周密，组织协调不力，导致停工待料、相关作业脱节；领导不力，指挥失当，使参加工程建设的各个单位、各个专业、各个施工过程之间交接、配合上发生矛盾等。

（7）材料、设备因素。如材料、构配件、机具、设备供应环节的差错，品种、规格、质量、数量、时间不能满足工程的需要；特殊材料及新材料的不合理使用；施工设备不配套，选型失当，安装失误，有故障等。

（8）资金因素。如有关方拖欠资金，资金不到位，资金短缺；汇率浮动和通货膨胀等。

三、进度控制的措施和主要任务

（一）进度控制的措施

为了实施进度控制，监理工程师必须根据建设工程的具体情况，认真制定进度控制措施，以确保建设工程进度控制目标的实现。进度控制的措施应包括组织措施、技术措施、经济措施及合同措施。

1. 组织措施

进度控制的组织措施主要包括：

（1）建立进度控制目标体系，明确建设工程现场监理组织机构中进度控制人员及其职责分工；

（2）建立工程进度报告制度及进度信息沟通网络；

（3）建立进度计划审核制度和进度计划实施中的检查分析制度；

（4）建立进度协调会议制度，包括协调会议举行的时间、地点，协调会议的参加人员等；

（5）建立图纸审查、工程变更和设计变更管理制度。

2. 技术措施

进度控制的技术措施主要包括：

（1）审查承包商提交的进度计划，使承包商能在合理的状态下施工；

（2）编制进度控制工作细则，指导监理人员实施进度控制；

（3）采用网络计划技术及其他科学适用的计划方法，并结合电子计算机的应用，对建设工程进度实施动态控制。

3. 经济措施

进度控制的经济措施主要包括：

（1）及时办理工程预付款及工程进度款支付手续；

（2）对应急赶工给予优厚的赶工费用；

（3）对工期提前给予奖励；

（4）对工程延误收取误期损失赔偿金。

4. 合同措施

进度控制的合同措施主要包括：

（1）推行 CM 承发包模式，对建设工程实行分段设计、分段发包和分段施工；

（2）加强合同管理，协调合同工期与进度计划之间的关系，保证合同中进度目标的实现；

（3）严格控制合同变更，对各方提出的工程变更和设计变更，监理工程师应严格审查后再补入合同文件之中；

（4）加强风险管理，在合同中应充分考虑风险因素及其对进度的影响，以及相应的处理方法；

（5）加强索赔管理，公正地处理索赔。

（二）建设工程实施阶段进度控制的主要任务

1. 设计准备阶段进度控制的任务

（1）收集有关工期的信息，进行工期目标和进度控制决策；

（2）编制工程项目总进度计划；

（3）编制设计准备阶段详细工作计划，并控制其执行；

（4）进行环境及施工现场条件的调查和分析。

2. 设计阶段进度控制的任务

（1）编制设计阶段工作计划，并控制其执行；

（2）编制详细的出图计划，并控制其执行。

3. 施工阶段进度控制的任务

（1）编制施工总进度计划，并控制其执行；

（2）编制单位工程施工进度计划，并控制其执行；

（3）编制工程年、季、月实施计划，并控制其执行。

为了有效地控制建设工程进度，监理工程师要在设计准备阶段向建设单位提供有关工期的信息，协助建设单位确定工期总目标，并进行环境及施工现场条件的调查和分析。在设计阶段和施工阶段，监理工程师不仅要审查设计单位和施工单位提交的进度计划，更要编制监理进度计划，以确保进度控制目标的实现。

四、建设项目总进度目标的论证

1. 总进度目标论证的工作内容

建设项目总进度目标指的是整个项目的进度目标，它是在项目决策阶段项目定义时确定的，项目管理的主要任务是在项目的实施阶段对项目的目标进行控制。建设项目总进度目标的控制是业主方项目管理的任务（若采用建设项目总承包的模式，协助业主进行项目总进度目标的控制也是总承包方项目管理的任务）。在进行建设项目总进度目标控制前，首先应分析和论证目标实现的可能性。若项目总进度目标不可能实现，则项目管理方应提出调整项目总进度目标的建议，提请项目决策者审议。

在项目实施阶段，项目总进度包括：

（1）设计前准备阶段的工作进度；

（2）设计工作进度；

（3）招标工作进度；

（4）施工前准备工作进度；

（5）工程施工和设备安装进度；

（6）项目动用前的准备工作进度等。

建设项目总进度目标论证应分析和论证上述各项工作的进度，及上述各项工作进展的相互关系。

在建设项目总进度目标论证时，往往还不掌握比较详细的设计资料，也缺乏比较全面的有关工程发包的组织、施工组织和施工技术方面的资料，以及其他有关项目实施条件的资料。因此，总进度目标论证并不是单纯的总进度规划的编制工作，它涉及许多项目实施的条件分析和项目实施策划方面的问题。

大型建设项目总进度目标论证的核心工作是通过编制总进度纲要论证总进度目标实现的可能性。总进度纲要的主要内容包括：

（1）项目实施的总体部署；

（2）总进度规划；

（3）各子系统进度规划；

（4）确定里程碑事件的计划进度目标；

（5）总进度目标实现的条件和应采取的措施等。

2. 总进度目标论证的工作步骤

建设项目总进度目标论证的工作步骤如下：

（1）调查研究和收集资料；

（2）项目结构分析；

（3）进度计划系统的结构分析；

（4）项目的工作编码；

（5）编制各层进度计划；

（6）协调各层进度计划的关系，编制总进度计划；

（7）若所编制的总进度计划不符合项目的进度目标，则设法调整；

（8）若经过多次调整，进度目标无法实现，则报告项目决策者。

调查研究和收集资料包括如下工作：

（1）了解和收集项目决策阶段有关项目进度目标确定的情况和资料；

（2）收集与进度有关的该项目组织、管理、经济和技术资料；

（3）收集类似项目的进度资料；

（4）了解和调查该项目的总体部署；

（5）了解和调查该项目实施的主客观条件等。

大型建设工程项目的结构分析是根据编制总进度纲要的需要，将整个项目进行逐层分解，并确立相应的工作目录，如：

（1）一级工作任务目录，将整个项目划分成若干个子系统；

（2）二级工作任务目录，将每一个子系统分解为若干个子项目；

（3）三级工作任务目录，将每一个子项目分解为若干个工作项。

大型建设项目的计划系统一般由多层计划构成，如：

（1）第一层进度计划，将整个项目划分成若干个进度计划子系统；

（2）第二层进度计划，将每一个进度计划子系统分解为若干个子项目进度计划；

（3）第三层进度计划，将每一个子项目进度计划分解为若干个工作项；

（4）整个项目划分成多少计划层，应根据项目的规模和特点而定。

项目的工作编码指的是每一个工作项的编码，编码有各种方式，编码时应考虑下述因素：

（1）对不同计划层的标识；

（2）对不同计划对象的标识（如不同子项目）；

（3）对不同工作的标识（如设计工作、招标工作和施工工作等）。

图 1-1 是工作项编码的示例。

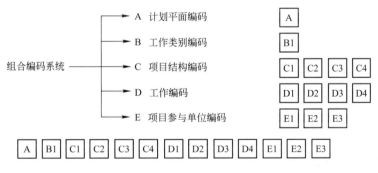

图 1-1　工作项编码示例

第二节　建设工程进度控制计划体系

为了确保建设工程进度控制目标的实现，参与工程项目建设的各有关单位都要编制进度计划，并且控制这些进度计划的实施。建设工程进度控制计划体系主要包括建设单位的计划系统、监理单位的计划系统、设计单位的计划系统和施工单位的计划系统。

一、建设单位的计划系统

建设单位编制（也可委托监理单位编制）的进度计划包括工程项目前期工作计划、工程项目建设总进度计划和工程项目年度计划。

（一）工程项目前期工作计划

工程项目前期工作计划是指对工程项目可行性研究、项目评估及初步设计的工作进度安排，它可使工程项目前期决策阶段各项工作的时间得到控制。工程项目前期工作计划需要在预测的基础上编制，其表式如表 1-1 所示。其中"建设性质"是指新建、改建或扩建；"建设规模"是指生产能力、使用规模或建筑面积等。

工程项目前期工作进度计划　　　　　　　　　　表 1-1

项目名称	建设性质	建设规模	可行性研究		项目评估		初步设计	
			进度要求	负责单位和负责人	进度要求	负责单位和负责人	进度要求	负责单位和负责人

（二）工程项目建设总进度计划

工程项目建设总进度计划是指初步设计被批准后，在编报工程项目年度计划之前，根据初步设计，对工程项目从开始建设（设计、施工准备）至竣工投产（动用）全过程的统一部署。其主要目的是安排各单位工程的建设进度，合理分配年度投资，组织各方面的协作，保证初步设计所确定的各项建设任务的完成。工程项目建设总进度计划对于保证工程项目建设的连续性，增强工程建设的预见性，确保工程项目按期动用，都具有十分重要的作用。

工程项目建设总进度计划是编报工程建设年度计划的依据，其主要内容包括文字和表格两部分。

1. 文字部分

说明工程项目的概况和特点，安排建设总进度的原则和依据，建设投资来源和资金年度安排情况，技术设计、施工图设计、设备交付和施工力量进场时间的安排，道路、供电、供水等方面的协作配合及进度的衔接，计划中存在的主要问题及采取的措施，需要上级及有关部门解决的重大问题等。

2. 表格部分

（1）工程项目一览表

工程项目一览表将初步设计中确定的建设内容，按照单位工程归类并编号，明确其建设内容和投资额，以便各部门按统一的口径确定工程项目投资额，并以此为依据对其进行管理。工程项目一览表如表 1-2 所示。

工程项目一览表　　　　　　　　　　表 1-2

单位工程名称	工程编号	工程内容	概算额（千元）						备注
			合计	建筑工程费	安装工程费	设备工程费	工器具购置费	工程建设其他费用	

（2）工程项目总进度计划

工程项目总进度计划是根据初步设计中确定的建设工期和工艺流程，具体安排单位工程的开工日期和竣工日期。其表式如表 1-3 所示。

工程项目总进度计划 表 1-3

工程编号	单位工程名称	工程量		××年				××年				……
		单位	数量	一季	二季	三季	四季	一季	二季	三季	四季	……

（3）投资计划年度分配表

投资计划年度分配表是根据工程项目总进度计划安排各个年度的投资，以便预测各个年度的投资规模，为筹集建设资金或与银行签订借款合同及制定分年用款计划提供依据。其表式如表 1-4 所示。

投资计划年度分配表 表 1-4

工作编号	单位工程名称	投资额	投资分配（万元）					
			××年	××年	××年	××年	××年	……
……								
……								
	合计 其中： 建安工程投资 设备投资 工器具投资 其他投资							

（4）工程项目进度平衡表

工程项目进度平衡表用来明确各种设计文件交付日期、主要设备交货日期、施工单位进场日期、水电及道路接通日期等，以保证工程建设中各个环节相互衔接，确保工程项目按期投产或交付使用。其表式如表 1-5 所示。

工程项目进度平衡表 表 1-5

工程编号	单位工程名称	开工日期	竣工日期	要求设计进度				要求设备进度			要求施工进度			协作配合进度				
				交付日期			设计单位	数量	交货日期	供货单位	进场日期	竣工日期	施工单位	道路通行日期	供电		供水	
				技术设计	施工图	设计清单									数量	日期	数量	日期

在此基础上，可以分别编制综合进度控制计划、设计进度控制计划、采购进度控制计划、施工进度控制计划和验收投产进度控制计划等。

（三）工程项目年度计划

工程项目年度计划是依据工程项目建设总进度计划和批准的设计文件进行编制的。该计划既要满足工程项目建设总进度计划的要求，又要与当年可能获得的资金、设备、材料、施工力量相适应。应根据分批配套投产或交付使用的要求，合理安排本年度建设的工程项目。工程项目年度计划主要包括文字和表格两部分内容。

1. 文字部分

说明编制年度计划的依据和原则，建设进度、本年计划投资额及计划建造的建筑面积，施工图、设备、材料、施工力量等建设条件的落实情况，动力资源情况，对外部协作配合项目建设进度的安排或要求，需要上级主管部门协助解决的问题，计划中存在的其他问题，以及为完成计划而采取的各项措施等。

2. 表格部分

（1）年度计划项目表

年度计划项目表将确定年度施工项目的投资额和年末形象进度，并阐明建设条件（图纸、设备、材料、施工力量）的落实情况。其表式如表 1-6 所示。

年度计划项目表　　　　　　　　　　　　　　　　　　　表 1-6

投资：　　万元；　　面积：　　m²

工程编号	单位工程名称	开工日期	竣工日期	投资额	投资来源	年初完成			本年计划						年末形象进度	建设条件落实情况			
						投资额	建安投资	设备投资	投资			建筑面积				施工图	设备	材料	施工力量
									合计	建安	设备	新开工	续建	竣工					

（2）年度竣工投产交付使用计划表

年度竣工投产交付使用计划表将阐明各单位工程的建筑面积、投资额、新增固定资产、新增生产能力等建筑总规模及本年计划完成情况，并阐明其竣工日期。其表式如表 1-7 所示。

年度竣工投产交付使用计划表　　　　　　　　　　　　　表 1-7

投资：　　万元；　　面积：　　m²

工程编号	单位工程名称	总规模				本年计划完成				
		建筑面积	投资	新增固定资产	新增生产能力	竣工日期	建筑面积	投资	新增固定资产	新增生产能力

（3）年度建设资金平衡表

年度建设资金平衡表的格式如表1-8所示。

年度建设资金平衡表　　　　　　　　　　　表 1-8

单位：　万元

工程编号	单位工程名称	本年计划投资	动用内部资金	储备资金	本年计划需要资金	资金来源				
						预算拨款	自筹资金	建设贷款	国外贷款	……

（4）年度设备平衡表

年度设备平衡表的格式如表1-9所示。

年度设备平衡表　　　　　　　　　　　表 1-9

工程编号	单位工程名称	设备名称和规格	要求到货		自制		订货	
			数量	时间	数量	完成时间	数量	到货时间

二、监理单位的计划系统

监理单位除对被监理单位的进度计划进行监控外，自己也应编制有关进度计划，以便更有效地控制建设工程实施进度。

（一）监理总进度计划

在对建设工程实施全过程监理的情况下，监理总进度计划是依据工程项目可行性研究报告、工程项目前期工作计划和工程项目建设总进度计划编制的，其目的是对建设工程进度控制总目标进行规划，明确建设工程前期准备、设计、施工、动用前准备及项目动用等各个阶段的进度安排。其表式如表1-10所示。

监理总进度计划　　　　　　　　　　　表 1-10

建设阶段	各阶段进度																	
	××年				××年				××年				××年				……
	1	2	3	4	1	2	3	4	1	2	3	4	1	2	3	4	
前期准备																		
设计																		
施工																		
动用前准备																		
项目动用																		

（二）监理总进度分解计划

1. 按工程进展阶段分解

包括：①设计准备阶段进度计划；②设计阶段进度计划；③施工阶段进度计划；④动

用前准备阶段进度计划。

2. 按时间分解

包括：①年度进度计划；②季度进度计划；③月度进度计划。

三、设计单位的计划系统

设计单位的计划系统包括：设计总进度计划、阶段性设计进度计划和设计作业进度计划。

（一）设计总进度计划

设计总进度计划主要用来安排自设计准备开始至施工图设计完成的总设计时间内所包含的各阶段工作的开始时间和完成时间，从而确保设计进度控制总目标的实现。该计划的表式见表1-11。

设计总进度计划 表 1-11

阶段名称	进度（月）																	
	1	2	3	4	5	6	7	8	9	10	11	12	13	14	15	16	17	18
设计准备																		
方案设计																		
初步设计																		
技术设计																		
施工图设计																		

（二）阶段性设计进度计划

阶段性设计进度计划包括：设计准备工作进度计划、初步设计（技术设计）工作进度计划和施工图设计工作进度计划。这些计划是用来控制各阶段的设计进度，从而实现阶段性设计进度目标。在编制阶段性设计进度计划时，必须考虑设计总进度计划对各个设计阶段的时间要求。

1. 设计准备工作进度计划

设计准备工作进度计划中一般要考虑规划设计条件的确定、设计基础资料的提供及委托设计等工作的时间安排，计划表式见表1-12。表中的项目还可根据需要进一步细化。

设计准备工作进度计划 表 1-12

工作内容	进度（周）														
	2	4	6	8	10	12	14	16	18	20	22	24	26	28	30
确定规划设计条件															
提供设计基础资料															
委托设计															

2. 初步设计（技术设计）工作进度计划

初步设计（技术设计）工作进度计划要考虑方案设计、初步设计、技术设计、设计的分析评审、概算的编制、修正概算的编制以及设计文件审批等工作的时间安排，一般按单位工程编制，其表式见表1-13。

××单位工程初步设计（技术设计）工作进度计划 　　　　表 1-13

工作内容	进度（周）																	
	1	2	3	4	5	6	7	8	9	10	11	12	13	14	15	16	17	18
方案设计																		
初步设计																		
编制概算																		
技术设计																		
编制修正概算																		
分析评审																		
审批设计																		

3. 施工图设计工作进度计划

施工图设计工作进度计划主要考虑各单位工程的设计进度及其搭接关系，其表式见表 1-14。

××工程施工图设计工作进度计划 　　　　表 1-14

工程名称	建筑规模	设计工日定额（工日）	设计人数	进度（天）									
				1	2	3	4	5	6	7	8	9	10
××工程													
××工程													
××工程													
××工程													
××工程													

（三）设计作业进度计划

为了控制各专业的设计进度，并作为设计人员承包设计任务的依据，应根据施工图设计工作进度计划、单位工程设计工日定额及所投入的设计人员数，编制设计作业进度计划。其表式见表 1-15。

××工程设计作业进度计划 　　　　表 1-15

工作内容	工日定额	设计人数	进度（天）													
			2	4	6	8	10	12	14	16	18	20	22	24	26	28
工艺设计																
建筑设计																
结构设计																
给水排水设计																
通风设计																
电气设计																
审查设计																

四、施工单位的计划系统

施工单位的进度计划包括：施工准备工作计划、施工总进度计划、单位工程施工进度计划及分部分项工程进度计划。

(一)施工准备工作计划

施工准备工作的主要任务是为建设工程的施工创造必要的技术和物资条件，统筹安排施工力量和施工现场。施工准备的工作内容通常包括：技术准备、物资准备、劳动组织准备、施工现场准备和施工场外准备。为落实各项施工准备工作，加强检查和监督，应根据各项施工准备工作的内容、时间和人员，编制施工准备工作计划。其表式见表1-16。

施工准备工作计划　　　　　　　　　　　　　　　　表1-16

序号	施工准备项目	简要内容	负责单位	负责人	开始时间	完成时间	备注

(二)施工总进度计划

施工总进度计划是根据施工部署中施工方案和工程项目的开展程序，对全工地所有单位工程做出时间上的安排。其目的在于确定各单位工程及全工地性工程的施工期限及开竣工日期，进而确定施工现场劳动力、材料、成品、半成品、施工机械的需要数量和调配情况，以及现场临时设施的数量、水电供应量和能源、交通需求量。因此，科学、合理地编制施工总进度计划，是保证整个建设工程按期交付使用，充分发挥投资效益，降低建设工程成本的重要条件。

(三)单位工程施工进度计划

单位工程施工进度计划是在既定施工方案的基础上，根据规定的工期和各种资源供应条件，遵循各施工过程的合理施工顺序，对单位工程中的各施工过程做出时间和空间上的安排，并以此为依据，确定施工作业所必需的劳动力、施工机具和材料供应计划。因此，合理安排单位工程施工进度，是保证在规定工期内完成符合质量要求的工程任务的重要前提。同时，为编制各种资源需要量计划和施工准备工作计划提供依据。

(四)分部分项工程进度计划

分部分项工程进度计划是针对工程量较大或施工技术比较复杂的分部分项工程，在依据工程具体情况所制定的施工方案基础上，对其各施工过程所做出的时间安排。如：大型基础土方工程、复杂的基础加固工程、大体积混凝土工程、大型桩基工程、大面积预制构件吊装工程等，均应编制详细的进度计划，以保证单位工程施工进度计划的顺利实施。

此外，为了有效地控制建设工程施工进度，施工单位还应编制年度施工计划、季度施工计划和月(旬)作业计划，将施工进度计划逐层细化，形成一个旬保月、月保季、季保年的计划体系。

第三节 建设工程进度计划的表示方法和编制程序

一、建设工程进度计划的表示方法

建设工程进度计划的表示方法有多种，常用的有横道图和网络图两种表示方法。

（一）横道图

横道图也称甘特图，是美国人甘特（Gantt）在20世纪初提出的一种进度计划表示方法。由于其形象、直观，且易于编制和理解，因而长期以来广泛应用于建设工程进度控制之中。

用横道图表示的建设工程进度计划，一般包括两个基本部分，即左侧的工作名称及工作的持续时间等基本数据部分和右侧的横道线部分。图1-2所示即为用横道图表示的某桥梁工程施工进度计划。该计划明确地表示出各项工作的划分、工作的开始时间和完成时间、工作的持续时间、工作之间的相互搭接关系，以及整个工程项目的开工时间、完工时间和总工期。

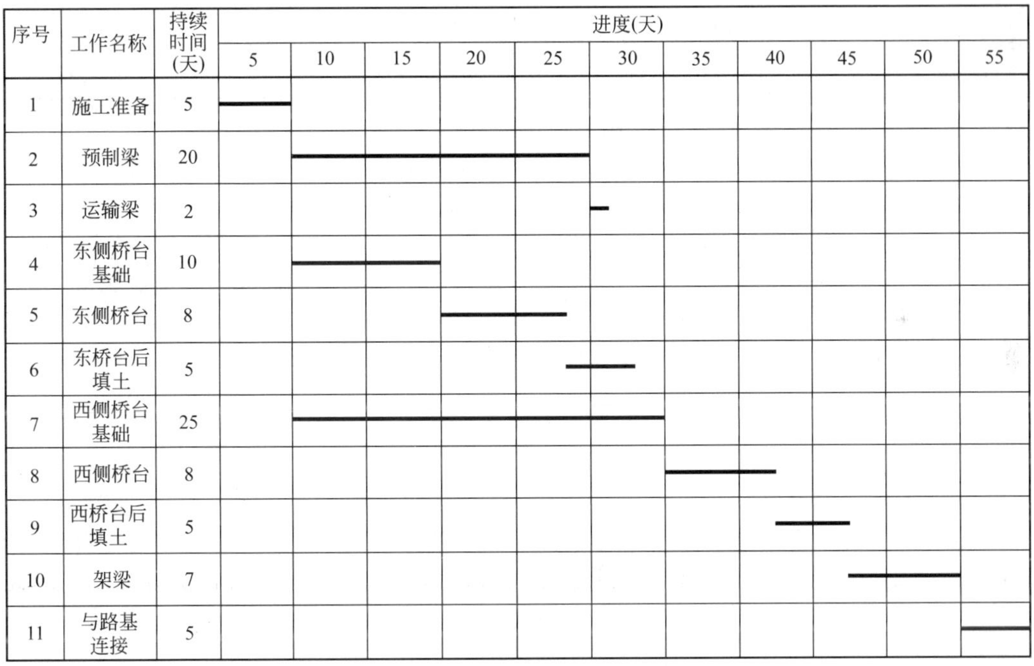

序号	工作名称	持续时间（天）	进度（天）										
			5	10	15	20	25	30	35	40	45	50	55
1	施工准备	5	▬										
2	预制梁	20		▬▬▬▬									
3	运输梁	2						▬					
4	东侧桥台基础	10		▬▬									
5	东侧桥台	8				▬▬							
6	东桥台后填土	5					▬						
7	西侧桥台基础	25		▬▬▬▬▬									
8	西侧桥台	8							▬▬				
9	西桥台后填土	5								▬			
10	架梁	7								▬			
11	与路基连接	5										▬	

图1-2 某桥梁工程施工进度横道计划

利用横道图表示工程进度计划，存在下列缺点：

（1）不能明确地反映出各项工作之间错综复杂的相互关系，因而在计划执行过程中，当某些工作的进度由于某种原因提前或拖延时，不便于分析其对其他工作及总工期的影响程度，不利于建设工程进度的动态控制。

（2）不能明确地反映出影响工期的关键工作和关键线路，也就无法反映出整个工程项目的关键所在，因而不便于进度控制人员抓住主要矛盾。

（3）不能反映出工作所具有的机动时间，看不到计划的潜力所在，无法进行最合理的组织和指挥。

（4）不能反映工程费用与工期之间的关系，因而不便于缩短工期和降低工程成本。

由于横道计划存在上述不足，给建设工程进度控制工作带来很大不便。即使进度控制人员在编制计划时已充分考虑了各方面的问题，在横道图上也不能全面地反映出来，特别是当工程项目规模大、工艺关系复杂时，横道图就很难充分暴露矛盾。而且在横道计划的执行过程中，对其进行调整也是十分繁琐和费时。由此可见，利用横道计划控制建设工程进度有较大的局限性。

（二）网络计划技术

建设工程进度计划用网络图来表示，可以使建设工程进度得到有效控制。国内外实践证明，网络计划技术是用于控制建设工程进度的最有效工具。无论是建设工程设计阶段的进度控制，还是施工阶段的进度控制，均可使用网络计划技术。作为建设工程监理工程师，必须掌握和应用网络计划技术。

1. 网络计划的种类

网络计划技术自 20 世纪 50 年代末诞生以来，已得到迅速发展和广泛应用，其种类也越来越多。但总的说来，网络计划可分为确定型和非确定型两类。如果网络计划中各项工作及其持续时间和各工作之间的相互关系都是确定的，就是确定型网络计划，否则属于非确定型网络计划。如计划评审技术（PERT）、图示评审技术（GERT）、风险评审技术（VERT）、决策关键线路法（DN）等均属于非确定型网络计划。在一般情况下，建设工程进度控制主要应用确定型网络计划。对于确定型网络计划来说，除了普通的双代号网络计划和单代号网络计划以外，还根据工程实际的需要，派生出下列几种网络计划：

（1）时标网络计划

时标网络计划是以时间坐标为尺度表示工作进度安排的网络计划，其主要特点是计划时间直观明了。

（2）搭接网络计划

搭接网络计划是可以表示计划中各项工作之间搭接关系的网络计划，其主要特点是计划图形简单。常用的搭接网络计划是单代号搭接网络计划。

（3）有时限的网络计划

有时限的网络计划是指能够体现由于外界因素的影响而对工作计划时间安排有限制的网络计划。

（4）多级网络计划

多级网络计划是一个由若干个处于不同层次且相互间有关联的网络计划组成的系统，它主要适用于大中型工程建设项目，用来解决工程进度中的综合平衡问题。

除上述网络计划外，还有用于表示工作之间流水作业关系的流水网络计划和具有多个工期目标的多目标网络计划等。

2. 网络计划的特点

利用网络计划控制建设工程进度，可以弥补横道计划的许多不足。图 1-3 和图 1-4 分别为双代号网络图和单代号网络图表示的某桥梁工程施工进度计划。与横道计划相比，网络计划具有以下主要特点：

（1）网络计划能够明确表达各项工作之间的逻辑关系

所谓逻辑关系，是指各项工作之间的先后顺序关系。网络计划能够明确地表达各项工

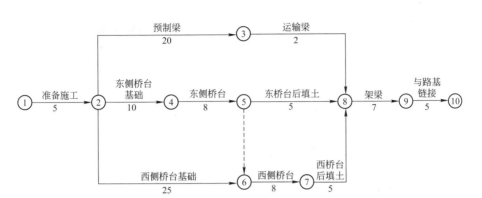

图 1-3　某桥梁工程施工进度双代号网络计划

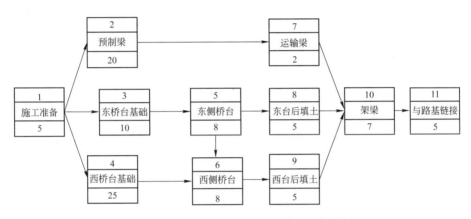

图 1-4　某桥梁工程施工进度单代号网络计划

作之间的逻辑关系，对于分析各项工作之间的相互影响及处理它们之间的协作关系具有非常重要的意义，同时也是网络计划相对于横道图计划最明显的特征之一。

（2）通过网络计划时间参数的计算，可以找出关键线路和关键工作

在关键线路法（CPM）中，关键线路是指在网络计划中从起点节点开始，沿箭线方向通过一系列箭线与节点，最后到达终点节点为止所形成的通路上所有工作持续时间总和最大的线路。关键线路上各项工作持续时间总和即为网络计划的工期，关键线路上的工作就是关键工作，关键工作的进度将直接影响到网络计划的工期。通过时间参数的计算，能够明确网络计划中的关键线路和关键工作，也就明确了工程进度控制中的工作重点，这对提高建设工程进度控制的效果具有非常重要的意义。

（3）通过网络计划时间参数的计算，可以明确各项工作的机动时间

所谓工作的机动时间，是指在执行进度计划时除完成任务所必需的时间外尚剩余的、可供利用的富余时间，亦称"时差"。在一般情况下，除关键工作外，其他各项工作（非关键工作）均有富余时间。这种富余时间可视为一种"潜力"，既可以用来支援关键工作，也可以用来优化网络计划，降低单位时间资源需求量。

（4）网络计划可以利用电子计算机进行计算、优化和调整

对进度计划进行优化和调整是工程进度控制工作中的一项重要内容。如果仅靠手工进行计算、优化和调整是非常困难的，必须借助于电子计算机。而且由于影响建设工程进度

的因素有很多，只有利用电子计算机进行进度计划的优化和调整，才能适应实际变化的要求。网络计划就是这样一种模型，它能使进度控制人员利用电子计算机对工程进度计划进行计算、优化和调整。正是由于网络计划的这一特点，使其成为最有效的进度控制方法，从而受到普遍重视。

当然，网络计划也有其不足之处，比如不像横道计划那么直观明了等，但这可以通过绘制时标网络计划得到弥补。

二、建设工程进度计划的编制程序

当应用网络计划技术编制建设工程进度计划时，其编制程序一般包括四个阶段10个步骤，见表1-17。

建设工程进度计划编制程序

表 1-17

编制阶段	编制步骤	编制阶段	编制步骤
I. 计划准备阶段	1. 调查研究	III. 计算时间参数及确定关键线路阶段	6. 计算工作持续时间
	2. 确定进度计划目标		7. 计算网络计划时间参数
II. 绘制网络图阶段	3. 进行项目分解		8. 确定关键线路和关键工作
	4. 分析逻辑关系	IV. 网络计划优化阶段	9. 优化网络计划
	5. 绘制网络图		10. 编制优化后网络计划

（一）计划准备阶段

1. 调查研究

调查研究的目的是为了掌握足够充分、准确的资料，从而为确定合理的进度目标、编制科学的进度计划提供可靠依据。调查研究的内容包括：①工程任务情况、实施条件、设计资料；②有关标准、定额、规程、制度；③资源需求与供应情况；④资金需求与供应情况；⑤有关统计资料、经验总结及历史资料等。

调查研究的方法有：①实际观察、测算、询问；②会议调查；③资料检索；④分析预测等。

2. 确定进度计划目标

网络计划的目标由工程项目的目标所决定，一般可分为以下三类：

（1）时间目标

时间目标也即工期目标，是指建设工程合同中规定的工期或有关主管部门要求的工期。工期目标的确定应以建筑设计周期定额和建筑安装工程工期定额为依据，同时充分考虑类似工程实际进展情况、气候条件以及工程难易程度和建设条件的落实情况等因素。建设工程设计和施工进度安排必须以建筑设计周期定额和建筑安装工程工期定额为最高时限。

（2）时间-资源目标

所谓资源，是指在工程建设过程中所需要投入的劳动力、原材料及施工机具等。在一般情况下，时间-资源目标分为两类：

1）资源有限，工期最短。即在一种或几种资源供应能力有限的情况下，寻求工期最短的计划安排。

2）工期固定，资源均衡。即在工期固定的前提下，寻求资源需用量尽可能均衡的计划安排。

（3）时间-成本目标

时间-成本目标是指以限定的工期寻求最低成本或寻求最低成本时的工期安排。

（二）绘制网络图阶段

1. 进行项目分解

将工程项目由粗到细进行分解，是编制网络计划的前提。如何进行工程项目的分解，工作划分的粗细程度如何，将直接影响到网络图的结构。对于控制性网络计划，其工作划分应粗一些，而对于实施性网络计划，工作划分应细一些。工作划分的粗细程度，应根据实际需要来确定。

2. 分析逻辑关系

分析各项工作之间的逻辑关系时，既要考虑施工程序或工艺技术过程，又要考虑组织安排或资源调配需要。对施工进度计划而言，分析其工作之间的逻辑关系时，应考虑：①施工工艺的要求；②施工方法和施工机械的要求；③施工组织的要求；④施工质量的要求；⑤当地的气候条件；⑥安全技术的要求。分析逻辑关系的主要依据是施工方案、有关资源供应情况和施工经验等。

3. 绘制网络图

根据已确定的逻辑关系，即可按绘图规则绘制网络图。既可以绘制单代号网络图，也可以绘制双代号网络图，还可根据需要，绘制双代号时标网络计划。

（三）计算时间参数及确定关键线路阶段

1. 计算工作持续时间

工作持续时间是指完成该工作所花费的时间。其计算方法有多种，既可以凭以往的经验进行估算，也可以通过试验推算。当有定额可用时，还可利用时间定额或产量定额并考虑工作面及合理的劳动组织进行计算。

（1）时间定额

时间定额是指某种专业的工人班组或个人，在合理的劳动组织与合理使用材料的条件下，完成符合质量要求的单位产品所必需的工作时间，包括准备与结束时间、基本生产时间、辅助生产时间、不可避免的中断时间及工人必须的休息时间。时间定额通常以工日为单位，每一工日按8h计算。

（2）产量定额

产量定额是指在合理的劳动组织与合理使用材料的条件下，某种专业、某种技术等级的工人班组或个人在单位工日中所应完成的质量合格的产品数量。产量定额与时间定额成反比，二者互为倒数。

对于搭接网络计划，还需要按最优施工顺序及施工需要，确定出各项工作之间的搭接时间。如果有些工作有时限要求，则应确定其时限。

2. 计算网络计划时间参数

网络计划是指在网络图上加注各项工作的时间参数而成的工作进度计划。网络计划时间参数一般包括：工作最早开始时间、工作最早完成时间、工作最迟开始时间、工作最迟完成时间、工作总时差、工作自由时差、节点最早时间、节点最迟时间、相邻两项工作之间的时间间隔、计算工期等。应根据网络计划的类型及其使用要求选算上述时间参数。网络计划时间参数的计算方法有：图上计算法、表上计算法、公式法等。

3. 确定关键线路和关键工作

在计算网络计划时间参数的基础上，便可根据有关时间参数确定网络计划中的关键线路和关键工作。其确定方法详见本书第三章有关内容。

（四）网络计划优化阶段

1. 优化网络计划

当初始网络计划的工期满足所要求的工期及资源需求量能得到满足而无需进行网络优化时，初始网络计划即可作为正式的网络计划。否则，需要对初始网络计划进行优化。根据所追求的目标不同，网络计划的优化包括工期优化、费用优化和资源优化三种。应根据工程的实际需要选择不同的优化方法。网络计划的优化方法详见本书第三章。

2. 编制优化后网络计划

根据网络计划的优化结果，便可绘制优化后的网络计划，同时编制网络计划说明书。网络计划说明书的内容应包括：编制原则和依据，主要计划指标一览表，执行计划的关键问题，需要解决的主要问题及其主要措施，以及其他需要说明的问题。

三、计算机辅助建设项目进度控制

国外有很多用于进度计划编制的商品软件，自 20 世纪 70 年代末期和 80 年代初期开始，我国也开始研制进度计划编制的软件，这些软件都是在网络计划原理的基础上编制的。应用这些软件可以实现计算机辅助建设项目进度计划的编制和调整，以确定网络计划的时间参数。

计算机辅助建设项目网络计划编制的意义如下：

（1）解决当网络计划计算量大，而手工计算难以承担的困难；

（2）确保网络计划计算的准确性；

（3）有利于网络计划及时调整；

（4）有利于编制资源需求计划等。

进度控制是一个动态编制和调整计划的过程，初始的进度计划和在项目实施过程中不断调整的计划，以及与进度控制有关的信息应尽可能对项目各参与方透明，以便各方为实现项目的进度目标协同工作。为使业主方各工作部门和项目各参与方方便快捷地获取进度信息，可利用项目专用网站作为基于网络的信息处理平台辅助进度控制。图 1-5 表示了从项

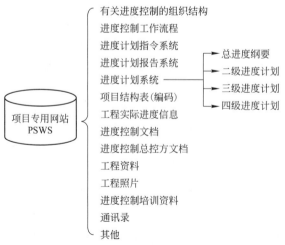

图 1-5　一般项目专用网站提供的进度信息

目专用网站可获取的各种进度信息。

思　考　题

1. 何谓建设工程进度控制？影响建设工程进度的因素有哪些？
2. 建设工程进度控制的措施有哪些？
3. 建设工程实施阶段进度控制的主要任务有哪些？
4. 建设工程进度控制计划体系包括哪些内容？
5. 建设工程进度计划的常用表示方法有哪些？各自的特点是什么？
6. 建设工程进度计划的编制程序是什么？

第二章 流水施工原理

流水施工是一种科学、有效的工程项目施工组织方法之一，它可以充分地利用工作时间和操作空间，减少非生产性劳动消耗，提高劳动生产率，保证工程施工连续、均衡、有节奏地进行，从而对提高工程质量、降低工程造价、缩短工期有着显著的作用。

第一节 基 本 概 念

一、流水施工方式

（一）组织施工的方式

考虑工程项目的施工特点、工艺流程、资源利用、平面或空间布置等要求，其施工可以采用依次、平行、流水等组织方式。

为说明三种施工方式及其特点，现设某住宅区拟建三幢结构相同的建筑物，其编号分别为Ⅰ、Ⅱ、Ⅲ，各建筑物的基础工程均可分解为挖土方、浇混凝土基础和回填土三个施工过程，分别由相应的专业队按施工工艺要求依次完成，每个专业队在每幢建筑物的施工时间均为5周，各专业队的人数分别为10人、16人和8人。三幢建筑物基础工程施工的不同组织方式如图2-1所示。

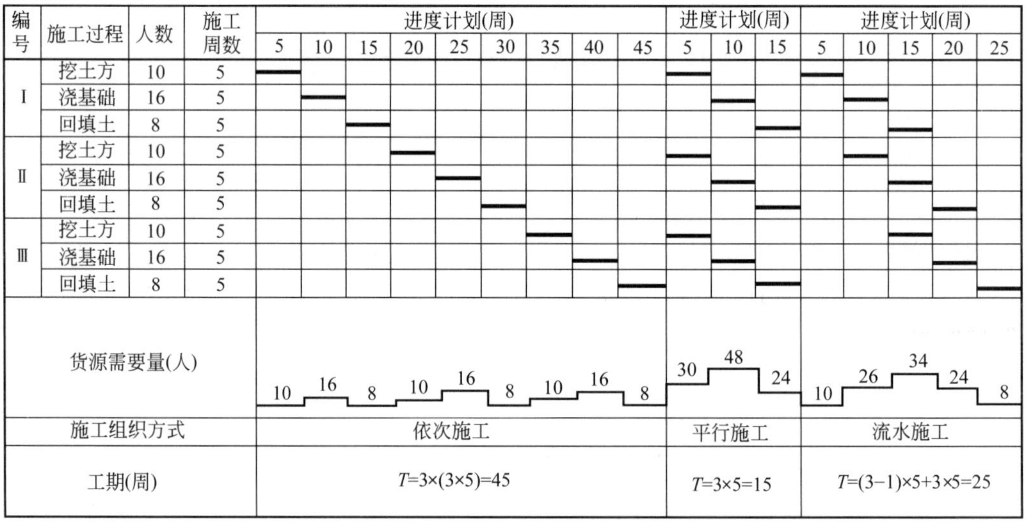

编号	施工过程	人数	施工周数	进度计划(周)									进度计划(周)			进度计划(周)				
				5	10	15	20	25	30	35	40	45	5	10	15	5	10	15	20	25
Ⅰ	挖土方	10	5																	
	浇基础	16	5																	
	回填土	8	5																	
Ⅱ	挖土方	10	5																	
	浇基础	16	5																	
	回填土	8	5																	
Ⅲ	挖土方	10	5																	
	浇基础	16	5																	
	回填土	8	5																	
货源需要量(人)				10 16 8 10 16 8 10 16 8									30 48 24			10 26 34 24 8				
施工组织方式				依次施工									平行施工			流水施工				
工期(周)				$T=3\times(3\times5)=45$									$T=3\times5=15$			$T=(3-1)\times5+3\times5=25$				

图 2-1　施工方式比较图

1. 依次施工

依次施工方式是将拟建工程项目中的每一个施工对象分解为若干个施工过程，按施工工艺要求依次完成每一个施工过程；当一个施工对象完成后，再按同样的顺序完成下一个施工对象，依次类推，直至完成所有施工对象。这种方式的施工进度安排、总工期及劳动力需求曲线如图2-1 "依次施工" 栏所示。

依次施工方式具有以下特点：

(1) 没有充分地利用工作面进行施工，工期长；

(2) 如果按专业成立工作队，则各专业队不能连续作业，有时间间歇，劳动力及施工机具等资源无法均衡使用；

(3) 如果由一个工作队完成全部施工任务，则不能实现专业化施工，不利于提高劳动生产率和工程质量；

(4) 单位时间内投入的劳动力、施工机具、材料等资源量较少，有利于资源供应的组织；

(5) 施工现场的组织、管理比较简单。

2. 平行施工

平行施工方式是组织几个劳动组织相同的工作队，在同一时间、不同的空间，按施工工艺要求完成各施工对象。这种方式的施工进度安排、总工期及劳动力需求曲线如图 2-1 "平行施工"栏所示。

平行施工方式具有以下特点：

(1) 充分地利用工作面进行施工，工期短；

(2) 如果每一个施工对象均按专业成立工作队，劳动力及施工机具等资源无法均衡使用；

(3) 如果由一个工作队完成一个施工对象的全部施工任务，则不能实现专业化施工，不利于提高劳动生产率；

(4) 单位时间内投入的劳动力、施工机具、材料等资源量成倍地增加，不利于资源供应的组织；

(5) 施工现场的组织管理比较复杂。

3. 流水施工

流水施工方式是将拟建工程项目中的每一个施工对象分解为若干个施工过程，并按照施工过程成立相应的专业工作队，各专业队按照施工顺序依次完成各个施工对象的施工过程，同时保证施工在时间和空间上连续、均衡和有节奏地进行，使相邻两专业队能最大限度地搭接作业。这种方式的施工进度安排、总工期及劳动力需求曲线如图 2-1 "流水施工"栏所示。

流水施工方式具有以下特点：

(1) 尽可能地利用工作面进行施工，工期比较短；

(2) 各工作队实现了专业化施工，有利于提高技术水平和劳动生产率；

(3) 专业工作队能够连续施工，同时能使相邻专业队的开工时间最大限度地搭接；

(4) 单位时间内投入的劳动力、施工机具、材料等资源量较为均衡，有利于资源供应的组织；

(5) 为施工现场的文明施工和科学管理创造了有利条件。

(二) 流水施工的表达方式

流水施工的表达方式除网络图外，主要还有横道图和垂直图两种。

1. 流水施工的横道图表示法

某基础工程流水施工的横道图表示法如图 2-2 所示。图中的横坐标表示流水施工的持续时间；纵坐标表示施工过程的名称或编号。n 条带有编号的水平线段表示 n 个施工过程或专业工作队的施工进度，其编号①、②……表示不同的施工段。

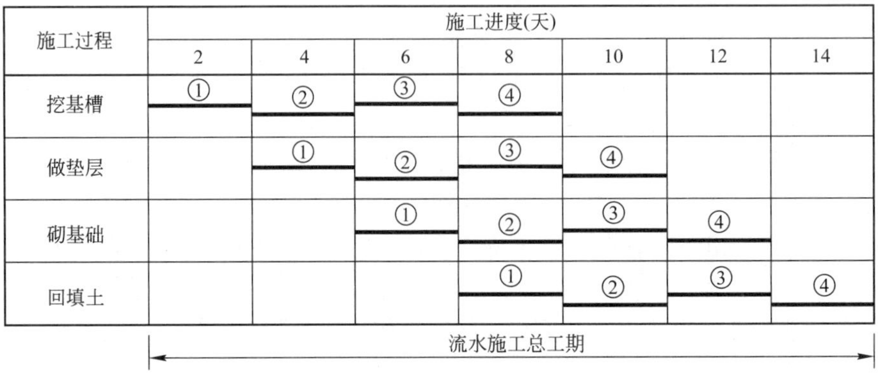

施工过程	施工进度(天)						
	2	4	6	8	10	12	14
挖基槽	①	②	③	④			
做垫层		①	②	③	④		
砌基础			①	②	③	④	
回填土				①	②	③	④
	流水施工总工期						

图 2-2　流水施工横道图表示法

横道图表示法的优点是：绘图简单，施工过程及其先后顺序表达比较清楚，时间和空间状况形象直观，使用方便，因而工程中常采用横道图来表达施工进度计划。

2. 流水施工的垂直图表示法

某基础工程流水施工的垂直图表示法如图 2-3 所示。图中的横坐标表示流水施工的持续时间；纵坐标表示流水施工所处的空间位置，即施工段的编号。n 条斜向线段表示 n 个施工过程或专业工作队的施工进度。

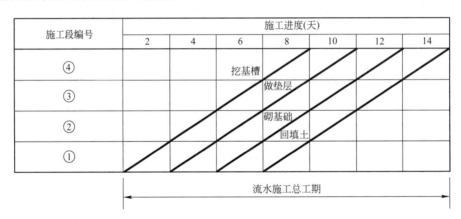

施工段编号	施工进度(天)						
	2	4	6	8	10	12	14
④				挖基槽			
③				做垫层			
②				砌基础			
				回填土			
①							
	流水施工总工期						

图 2-3　流水施工垂直图表示法

垂直图表示法的优点是：施工过程及其先后顺序表达比较清楚，时间和空间状况形象直观，斜向进度线的斜率可以直观地表示出各施工过程的进展速度，但编制实际工程进度计划不如横道图方便。

二、流水施工参数

流水施工参数是表达各施工过程在时间和空间上的开展情况及相互依存关系的参数，包括工艺参数、空间参数和时间参数。

(一)工艺参数

工艺参数主要是用以表达流水施工在施工工艺方面进展状态的参数，通常包括施工过程和流水强度两个参数。

1. 施工过程

根据施工组织及计划安排需要将计划任务划分成的子项称为施工过程。施工过程划分的粗细程度由实际需要而定。当编制控制性施工进度计划时，组织流水施工的施工过程可以划分得粗一些，施工过程可以是单位工程，也可以是分部工程。当编制实施性施工进度计划时，施工过程可以划分得细一些，施工过程可以是分项工程，甚至可将分项工程按照专业工种不同分解成施工工序。

施工过程的数目一般用 n 表示，它是流水施工的主要参数之一。根据其性质和特点不同，施工过程一般分为三类，即建造类施工过程、运输类施工过程和制备类施工过程。

（1）建造类施工过程，是指在施工对象的空间上直接进行砌筑、安装与加工，最终形成建筑产品的施工过程。它是建设工程施工中占有主导地位的施工过程，如建筑物或构筑物的地下工程、主体结构工程、装饰工程等。

（2）运输类施工过程，是指将建筑材料、各类构配件、成品、制品和设备等运到工地仓库或施工现场使用地点的施工过程。

（3）制备类施工过程，是指为了提高建筑产品生产的工厂化、机械化程度和生产能力而形成的施工过程。如砂浆、混凝土、各类制品、门窗等的制备过程和混凝土构件的预制过程。

由于建造类施工过程占有施工对象的空间，直接影响工期的长短，因此，必须列入施工进度计划，并且大多作为主导的施工过程或关键工作。运输类与制备类施工过程一般不占有施工对象的工作面，故一般不列入流水施工进度计划之中。只有当其占有施工对象的工作面，影响工期时，才列入施工进度计划之中。例如，对于采用装配式钢筋混凝土结构的建设工程，钢筋混凝土构件的现场制作过程就需要列入施工进度计划之中。同样，结构安装中的构件吊运施工过程也需要列入施工进度计划之中。

2. 流水强度

流水强度是指流水施工的某施工过程（专业工作队）在单位时间内所完成的工程量，也称为流水能力或生产能力。例如，浇筑混凝土施工过程的流水强度是指每工作班浇筑的混凝土立方数。

流水强度可用公式（2-1）计算求得：

$$V = \sum_{i=1}^{X} R_i \cdot S_i \tag{2-1}$$

式中　V——某施工过程（队）的流水强度；

　　R_i——投入该施工过程中的第 i 种资源量（施工机械台数或工人数）；

　　S_i——投入该施工过程中第 i 种资源的产量定额；

　　X——投入该施工过程中的资源种类数。

（二）空间参数

空间参数是表达流水施工在空间布置上开展状态的参数，通常包括工作面和施工段。

1. 工作面

工作面是指供某专业工种的工人或某种施工机械进行施工的活动空间。工作面的大小，能反映安排施工人数或机械台数的多少。每个作业的工人或每台施工机械所需工作面的大小，取决于单位时间内其完成的工程量和安全施工的要求。工作面确定的合理与否，直接影响专业工作队的生产效率。因此，必须合理确定工作面。

2. 施工段

将施工对象在平面或空间上划分成若干个劳动量大致相等的施工段落，称为施工段或流水段。施工段的数目一般用 m 表示，它是流水施工的主要参数之一。

（1）划分施工段的目的

划分施工段的目的就是为了组织流水施工。由于建设工程体形庞大，可以将其划分成若干个施工段，从而为组织流水施工提供足够的空间。在组织流水施工时，专业工作队完成一个施工段上的任务后，遵循施工组织顺序及工艺要求又到另一个施工段上作业，产生连续流动施工的效果。组织流水施工时，可以划分足够数量的施工段，充分利用工作面，避免窝工，尽可能缩短工期。

（2）划分施工段的原则

由于施工段内的施工任务由专业工作队依次完成，因而在两个施工段之间容易形成一个施工缝。同时，由于施工段数量的多少，将直接影响流水施工的效果。为使施工段划分得合理，一般应遵循下列原则：

1）同一专业工作队在各个施工段上的劳动量应大致相等，相差幅度不宜超过 10%～15%；

2）每个施工段内要有足够的工作面，以保证相应数量的工人、主要施工机械的生产效率，满足合理劳动组织的要求；

3）施工段的界限应尽可能与结构界限（如沉降缝、伸缩缝等）相吻合，或设在对建筑结构整体性影响小的部位，以保证建筑结构的整体性；

4）施工段的数目要满足合理组织流水施工的要求。施工段数目过多，会降低施工速度，延长工期；施工段过少，不利于充分利用工作面，可能造成窝工；

5）对于多层建筑物、构筑物或需要分层施工的工程，应既分施工段，又分施工层，各专业工作队依次完成第一施工层中各施工段任务后，再转入第二施工层的施工段上作业，依此类推。以确保相应专业队在施工段与施工层之间，组织连续、均衡、有节奏地流水施工。

（三）时间参数

时间参数是表达流水施工在时间安排上所处状态的参数，主要包括流水节拍、流水步距和流水施工工期等。

1. 流水节拍

流水节拍是指在组织流水施工时，某个专业工作队在一个施工段上的施工时间。第 j 个专业工作队在第 i 个施工段的流水节拍一般用 $t_{j,i}$ 来表示（$j=1,2,\cdots,n$；$i=1,2,\cdots,m$）。

流水节拍是流水施工的主要参数之一，它表明流水施工的速度和节奏性。流水节拍小，其流水速度快，节奏感强；反之则相反。流水节拍决定着单位时间的资源供应量，同时，流水节拍也是区别流水施工组织方式的特征参数。

同一施工过程的流水节拍，主要由所采用的施工方法、施工机械以及在工作面允许的前提下投入施工的工人数、机械台数和采用的工作班次等因素确定。有时，为了均衡施工和减少转移施工段时消耗的工时，可以适当调整流水节拍，其数值最好为半个班的整数倍。

流水节拍可分别按下列方法确定：

（1）定额计算法

如果已有定额标准时，可按公式（2-2）或公式（2-3）确定流水节拍：

$$t_{j,i}=\frac{Q_{j,i}}{S_jR_jN_j}=\frac{P_{j,i}}{R_jN_j} \tag{2-2}$$

或

$$t_{j,i}=\frac{Q_{j,i}H_j}{R_jN_j}=\frac{P_{j,i}}{R_jN_j} \tag{2-3}$$

式中　$t_{j,i}$——第 j 个专业工作队在第 i 个施工段的流水节拍；

$Q_{j,i}$——第 j 个专业工作队在第 i 个施工段要完成的工程量或工作量；

S_j——第 j 个专业工作队的计划产量定额；

H_j——第 j 个专业工作队的计划时间定额；

$P_{j,i}$——第 j 个专业工作队在第 i 个施工段需要的劳动量或机械台班数量；

R_j——第 j 个专业工作队所投入的人工数或机械台数；

N_j——第 j 个专业工作队的工作班次。

如果根据工期要求采用倒排进度的方法确定流水节拍时，可用上式反算出所需要的工人数或机械台班数。但在此时，必须检查劳动力、材料和施工机械供应的可能性，以及工作面是否足够等。

（2）经验估算法

对于采用新结构、新工艺、新方法和新材料等没有定额可循的工程项目，可以根据以往的施工经验估算流水节拍。

2. 流水步距

流水步距是指组织流水施工时，相邻两个施工过程（或专业工作队）相继开始施工的最小间隔时间。流水步距一般用 $K_{j,j+1}$ 来表示，其中 j（$j=1,2,\cdots,n-1$）为专业工作队或施工过程的编号。它是流水施工的主要参数之一。

流水步距的数目取决于参加流水的施工过程数。如果施工过程数为 n 个，则流水步距的总数为 $n-1$ 个。

流水步距的大小取决于相邻两个施工过程（或专业工作队）在各个施工段上的流水节拍及流水施工的组织方式。确定流水步距时，一般应满足以下基本要求：

（1）各施工过程按各自流水速度施工，始终保持工艺先后顺序；

（2）各施工过程的专业工作队投入施工后保持连续作业；

（3）相邻两个施工过程（或专业工作队）在满足连续施工的条件下，能最大限度地实现合理搭接。

根据以上基本要求，在不同的流水施工组织形式中，可以采用不同的方法确定流水步距。

3. 流水施工工期

流水施工工期是指从第一个专业工作队投入流水施工开始，到最后一个专业工作队完成流水施工为止的整个持续时间。由于一项建设工程往往包含有许多流水组，故流水施工工期一般均不是整个工程的总工期。

三、流水施工的基本组织方式

在流水施工中，由于流水节拍的规律不同，决定了流水步距、流水施工工期的计算方法等也不同，甚至影响到各个施工过程的专业工作队数目。因此，有必要按照流水节拍的特征将流水施工进行分类，其分类情况如图 2-4 所示。

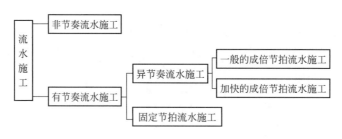

图 2-4　流水施工分类图

（一）有节奏流水施工

有节奏流水施工是指在组织流水施工时，每一个施工过程在各个施工段上的流水节拍都各自相等的流水施工，它分为等节奏流水施工和异节奏流水施工。

1. 等节奏流水施工

等节奏流水施工是指在有节奏流水施工中，各施工过程的流水节拍都相等的流水施工，也称为固定节拍流水施工或全等节拍流水施工。

2. 异节奏流水施工

异节奏流水施工是指在有节奏流水施工中，各施工过程的流水节拍各自相等而不同施工过程之间的流水节拍不尽相等的流水施工。在组织异节奏流水施工时，又可以采用等步距和异步距两种方式。

（1）等步距异节奏流水施工

等步距异节奏流水施工是指在组织异节奏流水施工时，按每个施工过程流水节拍之间的比例关系，成立相应数量的专业工作队而进行的流水施工，也称为加快的成倍节拍流水施工。

（2）异步距异节奏流水施工

异步距异节奏流水施工是指在组织异节奏流水施工时，每个施工过程成立一个专业工作队，由其完成各施工段任务的流水施工，也称为一般的成倍节拍流水施工。

（二）非节奏流水施工

非节奏流水施工是指在组织流水施工时，全部或部分施工过程在各个施工段上的流水节拍不相等的流水施工。这种施工是流水施工中最常见的一种。

第二节　有节奏流水施工

一、固定节拍流水施工

（一）固定节拍流水施工的特点

固定节拍流水施工是一种最理想的流水施工方式，其特点如下：

（1）所有施工过程在各个施工段上的流水节拍均相等；

（2）相邻施工过程的流水步距相等，且等于流水节拍；

（3）专业工作队数等于施工过程数，即每一个施工过程成立一个专业工作队，由该队完成相应施工过程所有施工段上的任务；

（4）各个专业工作队在各施工段上能够连续作业，施工段之间没有空闲时间。

（二）固定节拍流水施工工期

1. 有间歇时间的固定节拍流水施工

所谓间歇时间，是指相邻两个施工过程之间由于工艺或组织安排需要而增加的额外等待时间，包括工艺间歇时间（$G_{j,j+1}$）和组织间歇时间（$Z_{j,j+1}$）。对于有间歇时间的固定节拍流水施工，其流水施工工期 T 可按公式（2-4）计算：

$$T = (n-1)t + \Sigma G + \Sigma Z + m \cdot t$$
$$= (m+n-1)t + \Sigma G + \Sigma Z \qquad (2-4)$$

式中符号如前所述。

例如，某分部工程流水施工计划如图 2-5 所示。

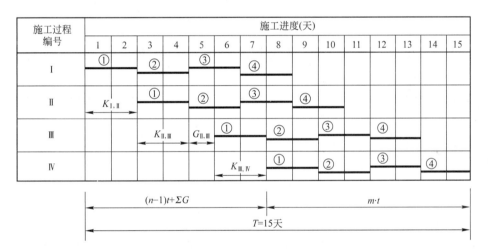

图 2-5　有间歇时间的固定节拍流水施工进度计划

在该计划中，施工过程数目 $n=4$；施工段数目 $m=4$；流水节拍 $t=2$；流水步距 $K_{I,II}=K_{II,III}=K_{III,IV}=t=2$；组织间歇 $Z_{I,II}=Z_{II,III}=Z_{III,IV}=0$；工艺间歇 $G_{I,II}=G_{III,IV}=0$；$G_{II,III}=1$。因此，其流水施工工期为：

$$T = (m+n-1)t + \Sigma G + \Sigma Z$$
$$= (4+4-1) \times 2 + 1 + 0$$
$$= 15（天）$$

2. 有提前插入时间的固定节拍流水施工

所谓提前插入时间，是指相邻两个专业工作队在同一施工段上共同作业的时间。在工作面允许和资源有保证的前提下，专业工作队提前插入施工，可以缩短流水施工工期。对于有提前插入时间的固定节拍流水施工，其流水施工工期 T 可按公式（2-5）计算：

$$T = (n-1)t + \Sigma G + \Sigma Z - \Sigma C + m \cdot t$$
$$= (m+n-1)t + \Sigma G + \Sigma Z - \Sigma C \qquad (2-5)$$

式中符号如前所述。

例如，某分部工程流水施工计划如图 2-6 所示。

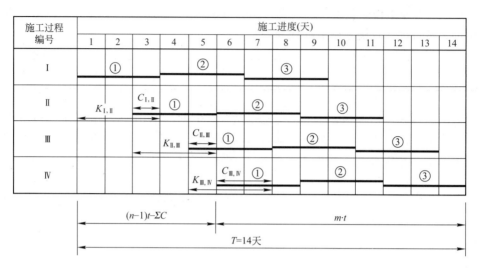

图 2-6　有提前插入时间的固定节拍流水施工进度计划

在该计划中，施工过程数目 $n=4$；施工段数目 $m=3$；流水节拍 $t=3$；流水步距 $K_{I,II}=K_{II,III}=K_{III,IV}=t=3$；组织间歇 $Z_{I,II}=Z_{II,III}=Z_{III,IV}=0$；工艺间歇 $G_{I,II}=G_{II,III}=G_{III,IV}=0$；提前插入时间 $C_{I,II}=C_{II,III}=1$，$C_{III,IV}=2$。因此，其流水施工工期为：

$$T=(m+n-1)t+\Sigma G+\Sigma Z-\Sigma C$$
$$=(3+4-1)\times3+0+0-(1+1+2)$$
$$=14(天)$$

二、成倍节拍流水施工

在通常情况下，组织固定节拍的流水施工是比较困难的。因为在任一施工段上，不同的施工过程，其复杂程度不同，影响流水节拍的因素也各不相同，很难使得各个施工过程的流水节拍都彼此相等。但是，如果施工段划分得合适，保持同一施工过程各施工段的流水节拍相等是不难实现的。使某些施工过程的流水节拍成为其他施工过程流水节拍的倍数，即形成成倍节拍流水施工。成倍节拍流水施工包括一般的成倍节拍流水施工和加快的成倍节拍流水施工。为了缩短流水施工工期，一般均采用加快的成倍节拍流水施工方式。

（一）加快的成倍节拍流水施工的特点

加快的成倍节拍流水施工的特点如下：

（1）同一施工过程在其各个施工段上的流水节拍均相等；不同施工过程的流水节拍不等，但其值为倍数关系；

（2）相邻专业工作队的流水步距相等，且等于流水节拍的最大公约数（K）；

（3）专业工作队数大于施工过程数，即有的施工过程只成立一个专业工作队，而对于流水节拍大的施工过程，可按其倍数增加相应专业工作队数目；

（4）各个专业工作队在施工段上能够连续作业，施工段之间没有空闲时间。

（二）加快的成倍节拍流水施工工期

加快的成倍节拍流水施工工期 T 可按公式（2-6）计算：

$$T = (n'-1)K + \Sigma G + \Sigma Z - \Sigma C + m \cdot K$$
$$= (m+n'-1)K + \Sigma G + \Sigma Z - \Sigma C \qquad (2\text{-}6)$$

式中 n'——专业工作队数目，其余符号如前所述。

例如，某分部工程流水施工计划如图 2-7 所示。

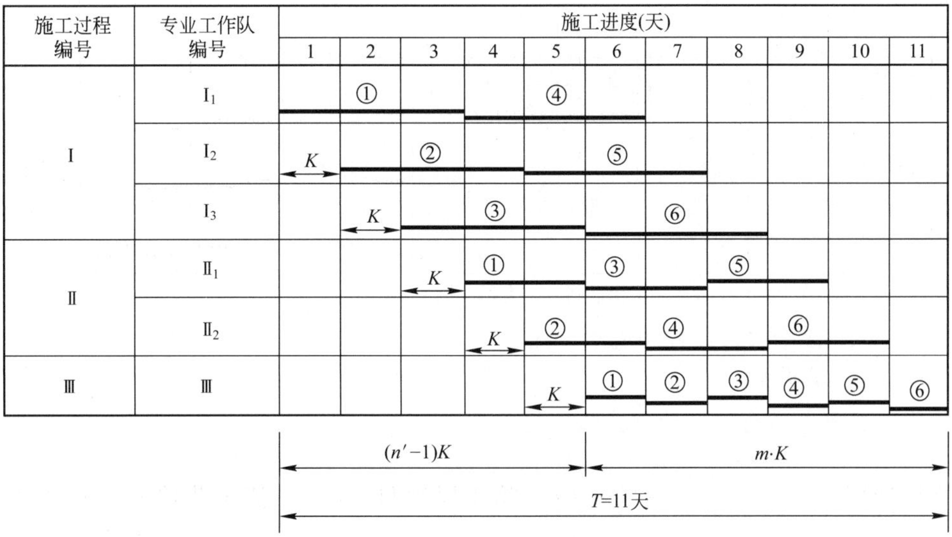

施工过程编号	专业工作队编号	施工进度(天)										
		1	2	3	4	5	6	7	8	9	10	11
I	I_1		①			④						
	I_2	K		②			⑤					
	I_3		K		③			⑥				
II	II_1			K		①		③		⑤		
	II_2				K		②		④		⑥	
III	III					K	①	②	③	④	⑤	⑥

$(n'-1)K$　　　$m \cdot K$

$T = 11$天

图 2-7　加快的成倍节拍流水施工进度计划

在该计划中，施工过程数目 $n=3$；专业工作队数目 $n'=6$；施工段数目 $m=6$；流水步距 $K=1$；组织间歇 $Z=0$；工艺间歇 $G=0$；提前插入时间 $C=0$。因此，其流水施工工期为：

$$T = (m+n'-1)K + \Sigma G + \Sigma Z - \Sigma C$$
$$= (6+6-1) \times 1 + 0 + 0 - 0$$
$$= 11(天)$$

（三）成倍节拍流水施工示例

1. 成倍节拍流水施工工期示例

某建设工程由四幢大板结构楼房组成，每幢楼房为一个施工段，施工过程划分为基础工程、结构安装、室内装修和室外工程 4 项，其一般的成倍节拍流水施工进度计划如图 2-8 所示。

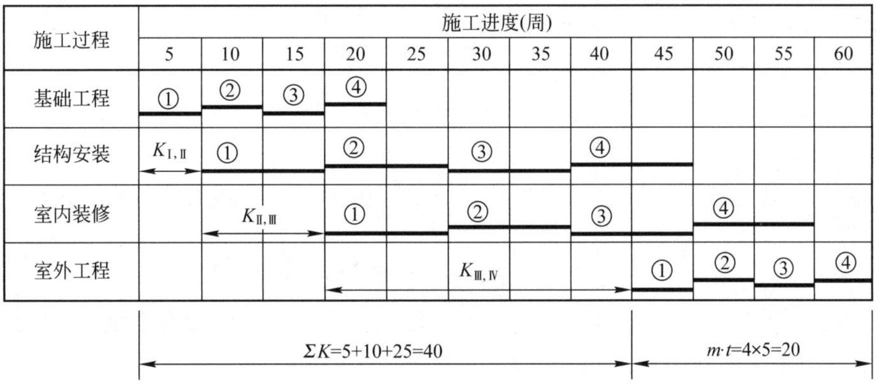

施工过程	施工进度(周)											
	5	10	15	20	25	30	35	40	45	50	55	60
基础工程	①	②	③	④								
结构安装	$K_{I,II}$	①		②		③		④				
室内装修		$K_{II,III}$		①		②		③		④		
室外工程				$K_{III,IV}$					①	②	③	④

$\Sigma K = 5 + 10 + 25 = 40$　　　$m \cdot t = 4 \times 5 = 20$

图 2-8　大板结构楼房一般的成倍节拍流水施工计划

由图 2-8 可知，如果按 4 个施工过程成立 4 个专业工作队组织流水施工，其总工期为：

$$T_0 = (5+10+25) + 4 \times 5 = 60 \text{ 周}$$

2. 组织加快成倍节拍流水施工

为加快施工进度，可增加专业工作队，组织加快的成倍节拍流水施工：将图 2-8 示例改为加快的成倍节拍流水施工，步骤如下：

（1）计算流水步距

流水步距等于流水节拍的最大公约数，即：

$$K = (5, 10, 10, 5) = 5$$

（2）确定专业工作队数目

每个施工过程成立的专业工作队数目可按公式（2-7）计算：

$$b_j = t_j / K \tag{2-7}$$

式中　b_j——第 j 个施工过程的专业工作队数目；

　　　t_j——第 j 个施工过程的流水节拍；

　　　K——流水步距。

在本例中，各施工过程的专业工作队数目分别为：

Ⅰ——基础工程：$b_{\text{I}} = t_{\text{I}} / K = 5/5 = 1$

Ⅱ——结构安装：$b_{\text{II}} = t_{\text{II}} / K = 10/5 = 2$

Ⅲ——室内装修：$b_{\text{III}} = t_{\text{III}} / K = 10/5 = 2$

Ⅳ——室外工程：$b_{\text{IV}} = t_{\text{IV}} / K = 5/5 = 1$

于是，参与该工程流水施工的专业工作队总数 n' 为：

$$n' = \Sigma b_i = (1+2+2+1) = 6$$

（3）绘制加快的成倍节拍流水施工进度计划图

在加快的成倍节拍流水施工进度计划图中，除表明施工过程的编号或名称外，还应表明专业工作队的编号。在表明各施工段的编号时，一定要注意有多个专业工作队的施工过程。某些专业工作队连续作业的施工段编号不应该是连续的，否则，无法组织合理的流水施工。

根据图 2-8 所示进度计划编制的加快的成倍节拍流水施工进度计划如图 2-9 所示。

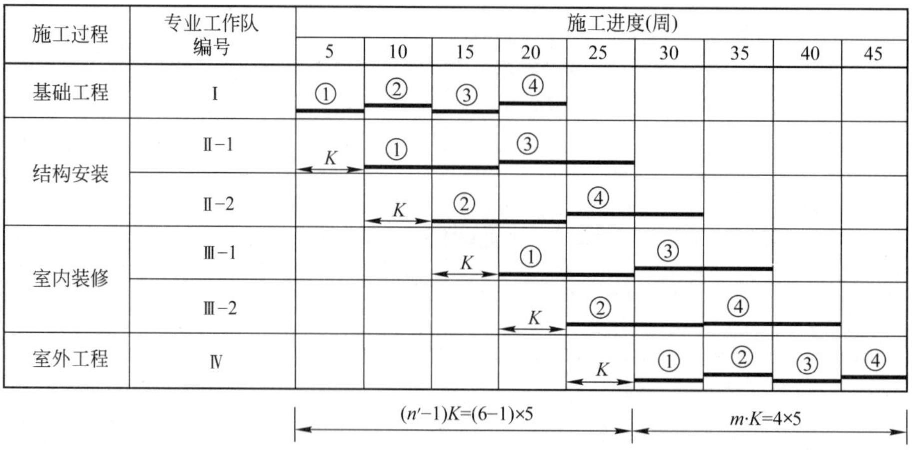

施工过程	专业工作队编号	施工进度(周)								
		5	10	15	20	25	30	35	40	45
基础工程	Ⅰ	①	②	③	④					
结构安装	Ⅱ-1	*K*	①		③					
	Ⅱ-2		*K*	②		④				
室内装修	Ⅲ-1			*K*	①		③			
	Ⅲ-2				*K*	②		④		
室外工程	Ⅳ					*K*	①	②	③	④

$(n'-1)K=(6-1)\times 5$　　　　$m \cdot K = 4 \times 5$

图 2-9　大板结构楼房加快的成倍节拍流水施工计划

（4）确定流水施工工期

由图 2-9 可知，本计划中没有组织间歇、工艺间歇及提前插入，故根据公式（2-6）算得流水施工工期为：

$$T=(m+n'-1)K=(4+6-1)\times5=45（周）$$

与一般的成倍节拍流水施工进度计划比较，该工程组织加快的成倍节拍流水施工使得总工期缩短了 15 周。

第三节 非节奏流水施工

在组织流水施工时，经常由于工程结构形式、施工条件不同等原因，使得各施工过程在各施工段上的工程量有较大差异，或因专业工作队的生产效率相差较大，导致各施工过程的流水节拍随施工段的不同而不同，且不同施工过程之间的流水节拍又有很大差异。这时，流水节拍虽无任何规律，但仍可利用流水施工原理组织流水施工，使各专业工作队在满足连续施工的条件下，实现最大搭接。这种非节奏流水施工方式是建设工程流水施工的普遍方式。

一、非节奏流水施工的特点

非节奏流水施工具有以下特点：

（1）各施工过程在各施工段的流水节拍不全相等；

（2）相邻施工过程的流水步距不尽相等；

（3）专业工作队数等于施工过程数；

（4）各专业工作队能够在施工段上连续作业，但有的施工段之间可能有空闲时间。

二、流水步距的确定

在非节奏流水施工中，通常采用累加数列错位相减取大差法计算流水步距。由于这种方法是由潘特考夫斯基（译音）首先提出的，故又称为潘特考夫斯基法。这种方法简捷、准确，便于掌握。

累加数列错位相减取大差法的基本步骤如下：

（1）对每一个施工过程在各施工段上的流水节拍依次累加，求得各施工过程流水节拍的累加数列；

（2）将相邻施工过程流水节拍累加数列中的后者错后一位，相减后求得一个差数列；

（3）在差数列中取最大值，即为这两个相邻施工过程的流水步距。

【例 2-1】 某工程由 3 个施工过程组成，分为 4 个施工段进行流水施工，其流水节拍（天）见表 2-1，试确定流水步距。

某工程流水节拍　　　　　　　　　　　　　　表 2-1

施工过程	施工段			
	①	②	③	④
Ⅰ	2	3	2	1
Ⅱ	3	2	4	2
Ⅲ	3	4	2	2

【解】 （1）求各施工过程流水节拍的累加数列：

施工过程Ⅰ：2，5，7，8

施工过程Ⅱ：3，5，9，11

施工过程Ⅲ：3，7，9，11

（2）错位相减求得差数列：

Ⅰ与Ⅱ：

$$
\begin{array}{r}
2,\ 5,\ 7,\ 8 \\
-)\quad 3,\ 5,\ 9\quad 11 \\
\hline
2,\ 2,\ 2,\ -1,\ -11
\end{array}
$$

Ⅱ与Ⅲ：

$$
\begin{array}{r}
3,\ 5,\ 9,\ 11 \\
-)\quad 3,\ 7,\ 9\quad 11 \\
\hline
3,\ 2,\ 2,\ 2,\ -11
\end{array}
$$

（3）在差数列中取最大值求得流水步距：

施工过程Ⅰ与Ⅱ之间的流水步距：$K_{1,2}=\max\ [2,\ 2,\ 2,\ -1,\ -11]\ =2$(天)

施工过程Ⅱ与Ⅲ之间的流水步距：$K_{2,3}=\max\ [3,\ 2,\ 2,\ 2,\ -11]\ =3$(天)

三、流水施工工期的确定

流水施工工期可按公式（2-8）计算：

$$T=\Sigma K+\Sigma t_n+\Sigma Z+\Sigma G-\Sigma C \tag{2-8}$$

式中　T——流水施工工期；

　　ΣK——各施工过程（或专业工作队）之间流水步距之和；

　　Σt_n——最后一个施工过程（或专业工作队）在各施工段流水节拍之和；

　　ΣZ——组织间歇时间之和；

　　ΣG——工艺间歇时间之和；

　　ΣC——提前插入时间之和。

【例 2-2】 某工厂需要修建 4 台设备的基础工程，施工过程包括基础开挖、基础处理和浇筑混凝土。因设备型号与基础条件等不同，使得 4 台设备（施工段）的各施工过程有着不同的流水节拍（单位：周），见表 2-2。

基础工程流水节拍　　　　　　　　　表 2-2

施工过程	施工段			
	设备 A	设备 B	设备 C	设备 D
基础开挖	2	3	2	2
基础处理	4	4	2	3
浇筑混凝土	2	3	2	3

【解】 从流水节拍的特点可以看出，本工程应按非节奏流水施工方式组织施工。

（1）确定施工流向由设备 A→B→C→D，施工段数 $m=4$。

（2）确定施工过程数 $n=3$，包括基础开挖、基础处理和浇筑混凝土。

（3）采用"累加数列错位相减取大差法"求流水步距：

$$
\begin{array}{r}
2,\quad 5,\quad 7,\quad 9\\
-)\quad\quad 4,\quad 8,\quad 10,\quad 13\\
\hline
\end{array}
$$
$$K_{1,2}=\max[2,\ 1,\ -1,\ -1,\ -13]=2$$

$$
\begin{array}{r}
4,\quad 8,\quad 10,\quad 13\\
-)\quad\quad 2,\quad 5,\quad 7,\quad 10\\
\hline
\end{array}
$$
$$K_{2,3}=\max[4,\ 6,\ 5,\ 6,\ -10]=6$$

（4）计算流水施工工期：

$$T=\Sigma K+\Sigma t_n=（2+6）+（2+3+2+3）=18（周）$$

（5）绘制非节奏流水施工进度计划，如图 2-10 所示。

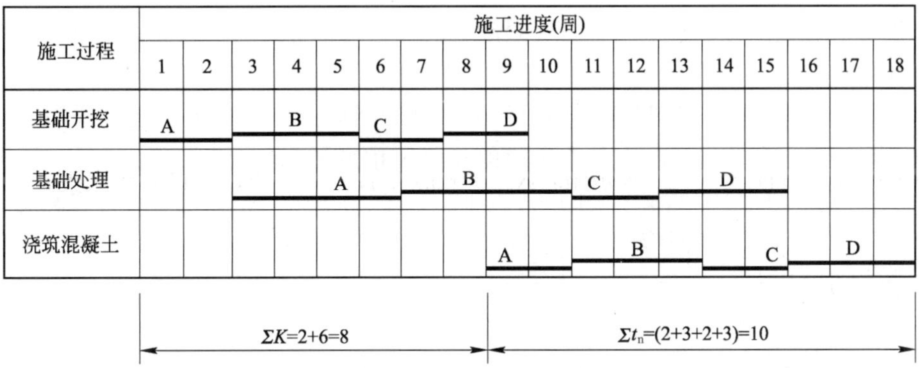

施工过程	施工进度(周)																	
	1	2	3	4	5	6	7	8	9	10	11	12	13	14	15	16	17	18
基础开挖	A			B		C			D									
基础处理					A			B			C			D				
浇筑混凝土									A			B			C		D	

$\Sigma K=2+6=8$　　　$\Sigma t_n=(2+3+2+3)=10$

图 2-10　设备基础工程流水施工进度计划

思　考　题

1. 工程项目组织施工的方式有哪些？各有何特点？
2. 流水施工参数包括哪些内容？
3. 流水施工的基本方式有哪些？
4. 固定节拍流水施工、加快的成倍节拍流水施工、非节奏流水施工各具哪些特点？
5. 当组织非节奏流水施工时，如何确定其流水步距？

练　习　题

1. 某公路工程需在某一路段修建 4 个结构形式与规模完全相同的涵洞，施工过程包括基础开挖、预制涵管、安装涵管和回填压实。如果合同规定，工期不超过 50 天，则组织固定节拍流水施工时，流水节拍和流水步距是多少？试绘制流水施工进度计划。
2. 某粮库工程拟建三个结构形式与规模完全相同的粮库，施工过程主要包括：挖基槽、浇筑混凝土基础、墙板与屋面板吊装和防水。根据施工工艺要求，浇筑混凝土基础 1

周后才能进行墙板与屋面板吊装。各施工过程的流水节拍见下表，试分别绘制组织四个专业工作队和增加相应专业工作队的流水施工进度计划。

施工过程	流水节拍（周）	施工过程	流水节拍（周）
挖基槽	2	吊装	6
浇基础	4	防水	2

3. 某工程包括三幢结构相同的砖混住宅楼，组织单位工程流水，以每幢住宅楼为一个施工段。已知：

（1）地面±0.000以下部分按土方开挖、基础施工、底层预制板安装、回填土四个施工过程组织固定节拍流水施工，流水节拍为2周；

（2）地上部分按主体结构、装修、室外工程组织加快的成倍节拍流水施工，由各专业工作队完成，流水节拍分别为4、4、2周；

如果要求地上部分与地下部分最大限度地搭接，均不考虑间歇时间，试绘制该工程施工进度计划。

4. 某基础工程包括挖基槽、做垫层、砌基础和回填土4个施工过程，分为4个施工段组织流水施工，各施工过程在各施工段的流水节拍见下表（时间单位：天）。根据施工工艺要求，在砌基础与回填土之间的间歇时间为2天。试确定相邻施工过程之间的流水步距及流水施工工期，并绘制流水施工进度计划。

施工过程	施工段			
	①	②	③	④
挖基槽	2	2	3	3
做垫层	1	1	2	2
砌基础	3	3	4	4
回填土	1	1	2	2

第三章 网 络 计 划 技 术

在建设工程进度控制工作中，较多地采用确定型网络计划。确定型网络计划的基本原理是：首先利用网络图形式表达一项工程计划方案中各项工作之间的相互关系和先后顺序关系；其次，通过计算找出影响工期的关键线路和关键工作；再次，通过不断调整网络计划，寻求最优方案并付诸实施；最后，在计划实施过程中采取有效措施对其进行控制，以合理使用资源，高效、优质、低耗地完成预定任务。由此可见，网络计划技术不仅是一种科学的计划方法，同时也是一种科学的动态控制方法。

第一节 基 本 概 念

一、网络图的组成

网络图是由箭线和节点组成，用来表示工作流程的有向、有序网状图形。一个网络图表示一项计划任务。网络图中的工作是计划任务按需要粗细程度划分而成的、消耗时间或同时也消耗资源的一个子项目或子任务。工作可以是单位工程；也可以是分部工程、分项工程；一个施工过程也可以作为一项工作。在一般情况下，完成一项工作既需要消耗时间，也需要消耗劳动力、原材料、施工机具等资源。但也有一些工作只消耗时间而不消耗资源，如混凝土浇筑后的养护过程和墙面抹灰后的干燥过程等。

网络图有双代号网络图和单代号网络图两种。双代号网络图又称箭线式网络图，它是以箭线及其两端节点的编号表示工作，同时，节点表示工作的开始或结束以及工作之间的连接状态。单代号网络图又称节点式网络图，它是以节点及其编号表示工作，箭线表示工作之间的逻辑关系。网络图中工作的表示方法如图 3-1 和图 3-2 所示。

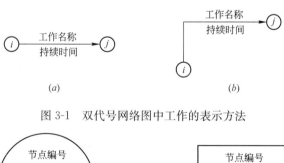

图 3-1 双代号网络图中工作的表示方法

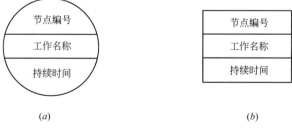

图 3-2 单代号网络图中工作的表示方法

网络图中的节点都必须有编号,其编号严禁重复,并应使每一条箭线上箭尾节点编号小于箭头节点编号。

在双代号网络图中,一项工作必须有唯一的一条箭线和相应的一对不重复出现的箭尾、箭头节点编号。因此,一项工作的名称可以用其箭尾和箭头节点编号来表示。而在单代号网络图中,一项工作必须有唯一的一个节点及相应的一个代号,该工作的名称可以用其节点编号来表示。

在双代号网络图中,有时存在虚箭线,虚箭线不代表实际工作,称为虚工作。虚工作既不消耗时间,也不消耗资源。虚工作主要用来表示相邻两项工作之间的逻辑关系。但有时为了避免两项同时开始、同时进行的工作具有相同的开始节点和完成节点,也需要用虚工作加以区分。

在单代号网络图中,虚拟工作只能出现在网络图的起点节点或终点节点处。

二、工艺关系和组织关系

工艺关系和组织关系是工作之间先后顺序关系——逻辑关系的组成部分。

（一）工艺关系

生产性工作之间由工艺过程决定的、非生产性工作之间由工作程序决定的先后顺序关系称为工艺关系。如图 3-3 所示,支模 1→扎筋 1→混凝土 1 为工艺关系。

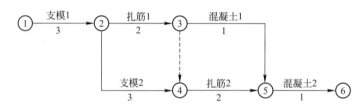

图 3-3 某混凝土工程双代号网络计划

（二）组织关系

工作之间由于组织安排需要或资源(劳动力、原材料、施工机具等)调配需要而规定的先后顺序关系称为组织关系。如图 3-3 所示,支模 1→支模 2;扎筋 1→扎筋 2 等为组织关系。

三、紧前工作、紧后工作和平行工作

（一）紧前工作

在网络图中,相对于某工作而言,紧排在该工作之前的工作称为该工作的紧前工作。在双代号网络图中,工作与其紧前工作之间可能有虚工作存在。如图 3-3 所示,支模 1 是支模 2 在组织关系上的紧前工作;扎筋 1 和扎筋 2 之间虽然存在虚工作,但扎筋 1 仍然是扎筋 2 在组织关系上的紧前工作。支模 1 则是扎筋 1 在工艺关系上的紧前工作。

（二）紧后工作

在网络图中,相对于某工作而言,紧排在该工作之后的工作称为该工作的紧后工作。在双代号网络图中,工作与其紧后工作之间也可能有虚工作存在。如图 3-3 所示,扎筋 2 是扎筋 1 在组织关系上的紧后工作;混凝土 1 是扎筋 1 在工艺关系上的紧后工作。

（三）平行工作

在网络图中,相对于某工作而言,可以与该工作同时进行的工作即为该工作的平行工作。如图 3-3 所示,扎筋 1 和支模 2 互为平行工作。

　　紧前工作、紧后工作及平行工作是工作之间逻辑关系的具体表现，只要能根据工作之间的工艺关系和组织关系明确其紧前或紧后关系，即可据此绘出网络图。工作之间逻辑关系是正确绘制网络图的前提条件。

四、先行工作和后续工作

（一）先行工作

　　相对于某工作而言，从网络图的第一个节点（起点节点）开始，顺箭头方向经过一系列箭线与节点到达该工作为止的各条通路上的所有工作，都称为该工作的先行工作。如图 3-3 所示，支模 1、扎筋 1、混凝土 1、支模 2、扎筋 2 均为混凝土 2 的先行工作。

（二）后续工作

　　相对于某工作而言，从该工作之后开始，顺箭头方向经过一系列箭线与节点到网络图最后一个节点（终点节点）的各条通路上的所有工作，都称为该工作的后续工作。如图 3-3 所示，扎筋 1 的后续工作有混凝土 1、扎筋 2 和混凝土 2。

　　在建设工程进度控制中，后续工作是一个非常重要的概念。在工程网络计划实施过程中，如果发现某项工作进度出现拖延，则受影响的工作必然是该工作的后续工作。

五、线路、关键线路和关键工作

（一）线路

　　网络图中从起点节点开始，沿箭头方向顺序通过一系列箭线与节点，最后到达终点节点的通路称为线路。线路既可依次用该线路上的节点编号来表示，也可依次用该线路上的工作名称来表示。如图 3-3 所示，该网络图中有三条线路，这三条线路既可表示为：①→②→③→⑤→⑥、①→②→③→④→⑤→⑥和①→②→④→⑤→⑥，也可表示为：支模 1→扎筋 1→混凝土 1→混凝土 2、支模 1→扎筋 1→扎筋 2→混凝土 2 和支模 1→支模 2→扎筋 2→混凝土 2。

（二）关键线路和关键工作

　　在关键线路法（CPM）中，线路上所有工作的持续时间总和称为该线路的总持续时间。总持续时间最长的线路称为关键线路，关键线路的长度就是网络计划的总工期。如图 3-3 所示，线路①→②→④→⑤→⑥或支模 1→支模 2→扎筋 2→混凝土 2 为关键线路。

　　在工程网络计划中，关键线路可能不止一条。而且在工程网络计划实施过程中，关键线路还会发生转移。

　　关键线路上的工作称为关键工作。在工程网络计划实施过程中，关键工作的实际进度提前或拖后，均会对总工期产生影响。因此，关键工作的实际进度是建设工程进度控制的工作重点。

第二节　网络图的绘制

一、双代号网络图的绘制

（一）绘图规则

　　在绘制双代号网络图时，一般应遵循以下基本规则：

　　（1）网络图必须按照已定逻辑关系绘制。由于网络图是有向、有序的网状图形，所以其必须严格按照工作之间的逻辑关系绘制，这同时也是为保证工程质量和资源优化配置及合理使用所必需的。例如，已知工作之间的逻辑关系如表 3-1 所示，若绘出网络图 3-4 (a) 则是错误的，因为工作 A 不是工作 D 的紧前工作。此时，可用虚箭线将工作 A 和工作 D 的联系断开，如图 3-4 (b) 所示。

			逻 辑 关 系 表		表 3-1
工作	A	B	C	D
紧前工作	—	—	A、B	B

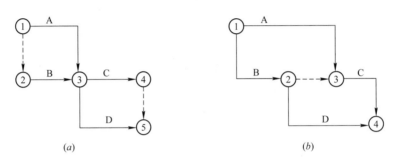

图 3-4 按表 3-1 绘制的网络图
(a)错误画法；(b) 正确画法

(2) 网络图中严禁出现从一个节点出发，顺箭头方向又回到原出发点的循环回路。如果出现循环回路，会造成逻辑关系混乱，使工作无法按顺序进行。如图 3-5 所示，网络图中存在不允许出现的循环回路 BCGF。当然，此时节点编号也发生错误。

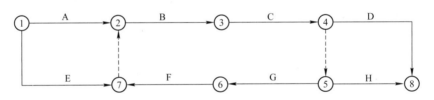

图 3-5 存在循环回路的错误网络图

(3) 网络图中的箭线（包括虚箭线，以下同）应保持自左向右的方向，不应出现箭头指向左方的水平箭线和箭头偏向左方的斜向箭线。若遵循该规则绘制网络图，就不会出现循环回路。

(4) 网络图中严禁出现双向箭头和无箭头的连线。图 3-6 所示即为错误的工作箭线画法，因为工作进行的方向不明确，因而不能达到网络图有向的要求。

图 3-6 错误的工作箭线画法
(a)双向箭头；(b) 无箭头

(5) 网络图中严禁出现没有箭尾节点的箭线和没有箭头节点的箭线。图 3-7 即为错误画法。

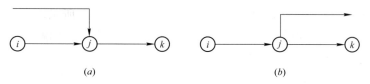

图 3-7 错误画法

(a)存在没有箭尾节点的箭线；(b) 存在没有箭头节点的箭线

（6）严禁在箭线上引入或引出箭线，图 3-8 即为错误画法。

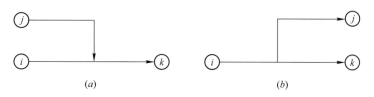

图 3-8 错误画法

(a)在箭线上引入箭线；(b) 在箭线上引出箭线

但当网络图的起点节点有多条箭线引出（外向箭线）或终点节点有多条箭线引入（内向箭线）时，为使图形简洁，可用母线法绘图。即：将多条箭线经一条共用的垂直线段从起点节点引出，或将多条箭线经一条共用的垂直线段引入终点节点，如图 3-9 所示。对于特殊线型的箭线，如粗箭线、双箭线、虚箭线、彩色箭线等，可在从母线上引出的支线上标出。

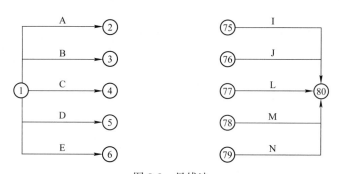

图 3-9 母线法

（7）应尽量避免网络图中工作箭线的交叉。当交叉不可避免时，可以采用过桥法或指向法处理，如图 3-10 所示。

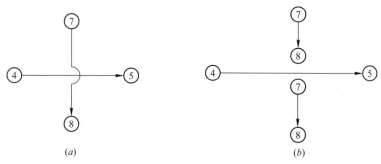

图 3-10 箭线交叉的表示方法

(a)过桥法；(b) 指向法

（8）网络图中应只有一个起点节点和一个终点节点（任务中部分工作需要分期完成的网络计划除外）。除网络图的起点节点和终点节点外，不允许出现没有外向箭线的节点和没有内向箭线的节点。图 3-11 所示网络图中有两个起点节点①和②，两个终点节点⑦和⑧。该网络图的正确画法如图 3-12 所示，即将节点①和②合并为一个起点节点，将节点⑦和⑧合并为一个终点节点。

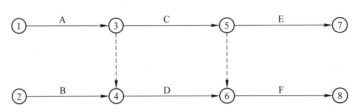

图 3-11　存在多个起点节点和多个终点节点的错误网络图

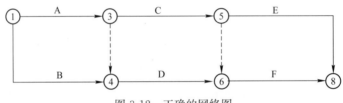

图 3-12　正确的网络图

（二）绘图方法

当已知每一项工作的紧前工作时，可按下述步骤绘制双代号网络图：

（1）绘制没有紧前工作的工作箭线，使他们具有相同的开始节点，以保证网络图只有一个起点节点。

（2）依次绘制其他工作箭线。这些工作箭线的绘制条件是其所有紧前工作箭线都已经绘制出来。在绘制这些工作箭线时，应按下列原则进行：

1）当所要绘制的工作只有一项紧前工作时，则将该工作箭线直接画在其紧前工作箭线之后即可。

2）当所要绘制的工作有多项紧前工作时，应按以下四种情况分别予以考虑：

① 对于所要绘制的工作（本工作）而言，如果在其紧前工作之中存在一项只作为本工作紧前工作的工作（即在紧前工作栏目中，该紧前工作只出现一次），则应将本工作箭线直接画在该紧前工作箭线之后，然后用虚箭线将其他紧前工作箭线的箭头节点与本工作箭线的箭尾节点分别相连，以表达它们之间的逻辑关系。

② 对于所要绘制的工作（本工作）而言，如果在其紧前工作之中存在多项只作为本工作紧前工作的工作，应先将这些紧前工作箭线的箭头节点合并，再从合并后的节点开始，画出本工作箭线，最后用虚箭线将其他紧前工作箭线的箭头节点与本工作箭线的箭尾节点分别相连，以表达它们之间的逻辑关系。

③ 对于所要绘制的工作（本工作）而言，如果不存在情况①和情况②时，应判断本工作的所有紧前工作是否都同时作为其他工作的紧前工作（即在紧前工作栏目中，这几项紧前工作是否均同时出现若干次）。如果上述条件成立，应先将这些紧前工作箭线的箭头节点合并后，再从合并后的节点开始画出本工作箭线。

④ 对于所要绘制的工作（本工作）而言，如果既不存在情况①和情况②，也不存在情况③时，则应将本工作箭线单独画在其紧前工作箭线之后的中部，然后用虚箭线将其各紧前工作箭线的箭头节点与本工作箭线的箭尾节点分别相连，以表达它们之间的逻辑关系。

（3）当各项工作箭线都绘制出来之后，应合并那些没有紧后工作之工作箭线的箭头节点，以保证网络图只有一个终点节点（多目标网络计划除外）。

（4）当确认所绘制的网络图正确后，即可进行节点编号。网络图的节点编号在满足前述要求的前提下，既可采用连续的编号方法，也可采用不连续的编号方法，如 1，3，5，……或 5，10，15，……，以避免以后增加工作时而改动整个网络图的节点编号。

以上所述是已知每一项工作的紧前工作时的绘图方法，当已知每一项工作的紧后工作时，也可按类似的方法进行网络图的绘制，只是其绘图顺序由前述的从左向右改为从右向左。

（三）绘图示例

下面举例说明前述双代号网络图的绘制方法。

【例 3-1】 已知各工作之间的逻辑关系见表 3-2，则可按下述步骤绘制其双代号网络图。

工 作 逻 辑 关 系 表 3-2

工作	A	B	C	D
紧前工作	—	—	A、B	B

【解】

1. 绘制工作箭线 A 和工作箭线 B，如图 3-13（a）所示。

2. 按前述原则（2）中的情况①绘制工作箭线 C，如图 3-13（b）所示。

3. 按前述原则（1）绘制工作箭线 D 后，将工作箭线 C 和 D 的箭头节点合并，以保证网络图只有一个终点节点。当确认给定的逻辑关系表达正确后，再进行节点编号。表 3-2 给定逻辑关系所对应的双代号网络图如图 3-13（c）所示。

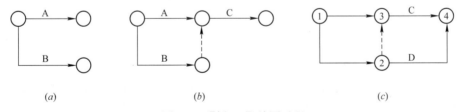

图 3-13 【例 3-1】绘图过程

【例 3-2】 已知各工作之间的逻辑关系见表 3-3，则可按下述步骤绘制其双代号网络图。

工 作 逻 辑 关 系 表 3-3

工作	A	B	C	D	E	G
紧前工作	—	—	—	A、B	A、B、C	D、E

【解】

1. 绘制工作箭线 A、工作箭线 B 和工作箭线 C，如图 3-14（a）所示。

2. 按前述原则（2）中的情况③绘制工作箭线 D，如图 3-14（b）所示。

3. 按前述原则（2）中的情况①绘制工作箭线 E，如图 3-14（c）所示。

4. 按前述原则（2）中的情况②绘制工作箭线 G。当确认给定的逻辑关系表达正确后，再进行节点编号。表 3-3 给定逻辑关系所对应的双代号网络图如图 3-14（d）所示。

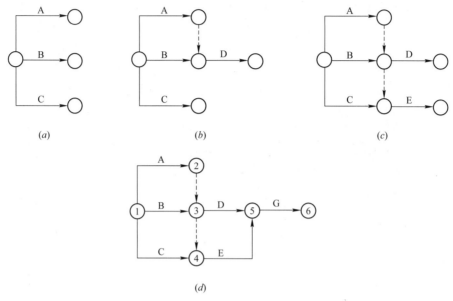

图 3-14　例 3-2 绘图过程

【例 3-3】　已知各工作之间的逻辑关系见表 3-4，则可按下述步骤绘制其双代号网络图。

工 作 逻 辑 关 系　　　　　　　　　　　　　　　　表 3-4

工作	A	B	C	D	E
紧前工作	—	—	A	A、B	B

【解】

1. 绘制工作箭线 A 和工作箭线 B，如图 3-15（a）所示。

2. 按前述原则（1）分别绘制工作箭线 C 和工作箭线 E，如图 3-15（b）所示。

3. 按前述原则（2）中的情况④绘制工作箭线 D，并将工作箭线 C、工作箭线 D 和工作箭线 E 的箭头节点合并，以保证网络图的终点节点只有一个。当确认给定的逻辑关系表达正确后，再进行节点编号。表 3-4 给定逻辑关系所对应的双代号网络图如图 3-15（c）所示。

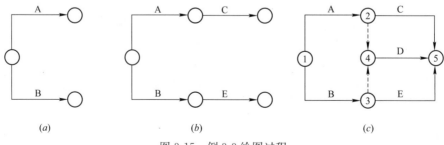

图 3-15　例 3-3 绘图过程

【例 3-4】　已知各工作之间的逻辑关系见表 3-5，则可按下述步骤绘制其双代号网络图。

工作 逻 辑 关 系 表 3-5

工作	A	B	C	D	E	G	H
紧前工作	—	—	—	—	A、B	B、C、D	C、D

【解】

1. 绘制工作箭线 A、工作箭线 B、工作箭线 C 和工作箭线 D，如图 3-16（*a*）所示。

2. 按前述原则（2）中的情况①绘制工作箭线 E，如图 3-16（*b*）所示。

3. 按前述原则（2）中的情况②绘制工作箭线 H，如图 3-16（*c*）所示。

4. 按前述原则（2）中的情况④绘制工作箭线 G，并将工作箭线 E、工作箭线 G 和工作箭线 H 的箭头节点合并，以保证网络图的终点节点只有一个。当确认给定的逻辑关系表达正确后，再进行节点编号。表 3-5 给定逻辑关系所对应的双代号网络图如图 3-16（*d*）所示。

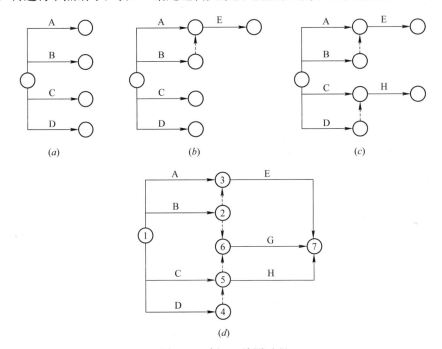

图 3-16 例 3-4 绘图过程

二、单代号网络图的绘制

（一）绘图规则

单代号网络图的绘图规则与双代号网络图的绘图规则基本相同，主要区别在于：

当网络图中有多项开始工作时，应增设一项虚拟的工作（S），作为该网络图的起点节点；当网络图中有多项结束工作时，应增设一项虚拟的工作（F），作为该网络图的终点节点。如图 3-17 所示，其中 S 和 F 为虚拟工作。

（二）绘图示例

绘制单代号网络图比绘制双代号网络图容易得多，这里仅举一例说明单代号网络图的绘制方法。

【例 3-5】 已知各工作之间的逻辑关系见表 3-6，绘制单代号网络图的过程如图 3-18 所示。

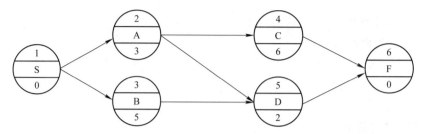

图 3-17　具有虚拟起点节点和终点节点的单代号网络图

工 作 逻 辑 关 系　　　　　　　　　　　　　　表 3-6

工作	A	B	C	D	E	G	H	I
紧前工作	—	—	—	—	A、B	B、C、D	C、D	E、G、H

【解】

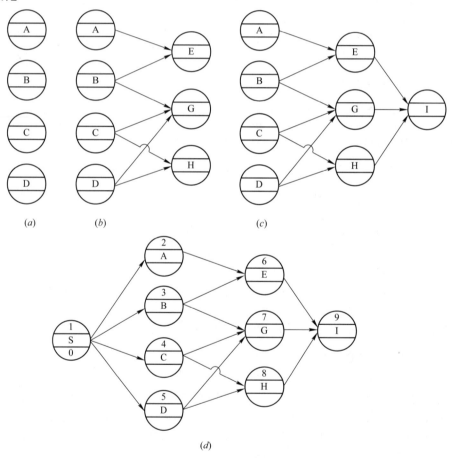

图 3-18　例 3-5 绘图过程

第三节　网络计划时间参数的计算

所谓网络计划，是指在网络图上加注时间参数而编制的进度计划。网络计划时间参数

的计算应在各项工作的持续时间确定之后进行。

一、网络计划时间参数的概念

所谓时间参数，是指网络计划、工作及节点所具有的各种时间值。

（一）工作持续时间和工期

1. 工作持续时间

工作持续时间是指一项工作从开始到完成的时间。在双代号网络计划中，工作 $i—j$ 的持续时间用 $D_{i—j}$ 表示；在单代号网络计划中，工作 i 的持续时间用 D_i 表示。

2. 工期

工期泛指完成一项任务所需要的时间。在网络计划中，工期一般有以下三种：

（1）计算工期。计算工期是根据网络计划时间参数计算而得到的工期，用 T_c 表示。

（2）要求工期。要求工期是任务委托人所提出的指令性工期，用 T_r 表示。

（3）计划工期。计划工期是指根据要求工期和计算工期所确定的作为实施目标的工期，用 T_p 表示。

1）当已规定了要求工期时，计划工期不应超过要求工期，即：

$$T_p \leqslant T_r \tag{3-1}$$

2）当未规定要求工期时，可令计划工期等于计算工期，即：

$$T_p = T_c \tag{3-2}$$

（二）工作的六个时间参数

除工作持续时间外，网络计划中工作的六个时间参数是：最早开始时间、最早完成时间、最迟完成时间、最迟开始时间、总时差和自由时差。

1. 最早开始时间和最早完成时间

工作的最早开始时间是指在其所有紧前工作全部完成后，本工作有可能开始的最早时刻。工作的最早完成时间是指在其所有紧前工作全部完成后，本工作有可能完成的最早时刻。工作的最早完成时间等于本工作的最早开始时间与其持续时间之和。

在双代号网络计划中，工作 $i—j$ 的最早开始时间和最早完成时间分别用 $ES_{i—j}$ 和 $EF_{i—j}$ 表示；在单代号网络计划中，工作 i 的最早开始时间和最早完成时间分别用 ES_i 和 EF_i 表示。

2. 最迟完成时间和最迟开始时间

工作的最迟完成时间是指在不影响整个任务按期完成的前提下，本工作必须完成的最迟时刻。工作的最迟开始时间是指在不影响整个任务按期完成的前提下，本工作必须开始的最迟时刻。工作的最迟开始时间等于本工作的最迟完成时间与其持续时间之差。

在双代号网络计划中，工作 $i—j$ 的最迟完成时间和最迟开始时间分别用 $LF_{i—j}$ 和 $LS_{i—j}$ 表示；在单代号网络计划中，工作 i 的最迟完成时间和最迟开始时间分别用 LF_i 和 LS_i 表示。

3. 总时差和自由时差

工作的总时差是指在不影响总工期的前提下，本工作可以利用的机动时间。在双代号网络计划中，工作 $i—j$ 的总时差用 $TF_{i—j}$ 表示；在单代号网络计划中，工作 i 的总时差用 TF_i 表示。

工作的自由时差是指在不影响其紧后工作最早开始时间的前提下，本工作可以利用的机动时间。在双代号网络计划中，工作 $i—j$ 的自由时差用 $FF_{i—j}$ 表示；在单代号网络计划中，工作 i 的自由时差用 FF_i 表示。

从总时差和自由时差的定义可知，对于同一项工作而言，自由时差不会超过总时差。当工作的总时差为零时，其自由时差必然为零。

在网络计划的执行过程中，工作的自由时差是该工作可以自由使用的时间。但是，如果利用某项工作的总时差，则有可能使该工作后续工作的总时差减小。

（三）节点最早时间和最迟时间

1. 节点最早时间

节点最早时间是指在双代号网络计划中，以该节点为开始节点的各项工作的最早开始时间。节点 i 的最早时间用 ET_i 表示。

2. 节点最迟时间

节点最迟时间是指在双代号网络计划中，以该节点为完成节点的各项工作的最迟完成时间。节点 j 的最迟时间用 LT_j 表示。

（四）相邻两项工作之间的时间间隔

相邻两项工作之间的时间间隔是指本工作的最早完成时间与其紧后工作最早开始时间之间可能存在的差值。工作 i 与工作 j 之间的时间间隔用 $LAG_{i,j}$ 表示。

二、双代号网络计划时间参数的计算

双代号网络计划的时间参数既可以按工作计算，也可以按节点计算，下面分别以简例说明。

（一）按工作计算法

所谓按工作计算法，就是以网络计划中的工作为对象，直接计算各项工作的时间参数。这些时间参数包括：工作的最早开始时间和最早完成时间、工作的最迟开始时间和最迟完成时间、工作的总时差和自由时差。此外，还应计算网络计划的计算工期。

为了简化计算，网络计划时间参数中的开始时间和完成时间都应以时间单位的终了时刻为标准。如第 3 天开始即是指第 3 天终了（下班）时刻开始，实际上是第 4 天上班时刻才开始；第 5 天完成即是指第 5 天终了（下班）时刻完成。

下面以图 3-19 所示双代号网络计划为例，说明按工作计算法计算时间参数的过程。其计算结果如图 3-20 所示。

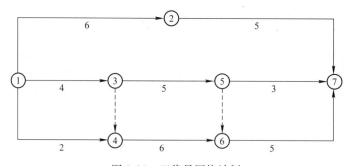

图 3-19　双代号网络计划

1. 计算工作的最早开始时间和最早完成时间

工作最早开始时间和最早完成时间的计算应从网络计划的起点节点开始，顺着箭线方向依次进行。其计算步骤如下：

（1）以网络计划起点节点为开始节点的工作，当未规定其最早开始时间时，其最早开

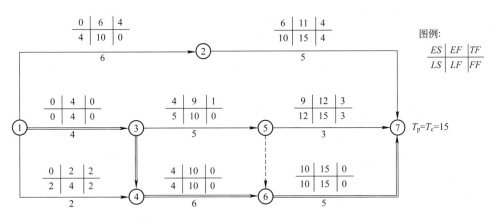

图 3-20　双代号网络计划（六时标注法）

始时间为零。例如在本例中，工作 1—2、工作 1—3 和工作 1—4 的最早开始时间都为零，即：

$$ES_{1-2}=ES_{1-3}=ES_{1-4}=0$$

（2）工作的最早完成时间可利用公式（3-3）进行计算：

$$EF_{i-j}=ES_{i-j}+D_{i-j} \tag{3-3}$$

式中　　EF_{i-j}——工作 $i—j$ 的最早完成时间；

　　　　ES_{i-j}——工作 $i—j$ 的最早开始时间；

　　　　D_{i-j}——工作 $i—j$ 的持续时间。

例如在本例中，工作 1—2、工作 1—3 和工作 1—4 的最早完成时间分别为：

工作 1—2：$EF_{1-2}=ES_{1-2}+D_{1-2}=0+6=6$

工作 1—3：$EF_{1-3}=ES_{1-3}+D_{1-3}=0+4=4$

工作 1—4：$EF_{1-4}=ES_{1-4}+D_{1-4}=0+2=2$

（3）其他工作的最早开始时间应等于其紧前工作最早完成时间的最大值，即：

$$ES_{i-j}=\text{Max}\{EF_{h-i}\}=\text{Max}\{ES_{h-i}+D_{h-i}\} \tag{3-4}$$

式中　　ES_{i-j}——工作 $i—j$ 的最早开始时间；

　　　　EF_{h-i}——工作 $i—j$ 的紧前工作 $h—i$（非虚工作）的最早完成时间；

　　　　ES_{h-i}——工作 $i—j$ 的紧前工作 $h—i$（非虚工作）的最早开始时间；

　　　　D_{h-i}——工作 $i—j$ 的紧前工作 $h—i$（非虚工作）的持续时间。

例如在本例中，工作 3—5 和工作 4—6 的最早开始时间分别为：

$$ES_{3-5}=EF_{1-3}=4$$

$$ES_{4-6}=\text{Max}\{EF_{1-3},EF_{1-4}\}=\text{Max}\{4,2\}=4$$

（4）网络计划的计算工期应等于以网络计划终点节点为完成节点的工作的最早完成时间的最大值，即：

$$T_c=\text{Max}\{EF_{i-n}\}=\text{Max}\{ES_{i-n}+D_{i-n}\} \tag{3-5}$$

式中　　T_c——网络计划的计算工期；

　　EF_{i-n}——以网络计划终点节点 n 为完成节点的工作的最早完成时间；

　　ES_{i-n}——以网络计划终点节点 n 为完成节点的工作的最早开始时间；

D_{i-n}——以网络计划终点节点 n 为完成节点的工作的持续时间。

例如在本例中，网络计划的计算工期为：

$$T_c = \text{Max}\{EF_{2-7}, EF_{5-7}, EF_{6-7}\} = \text{Max}\{11, 12, 15\} = 15$$

2. 确定网络计划的计划工期

网络计划的计划工期应按公式（3-1）或公式（3-2）确定。在本例中，假设未规定要求工期，则其计划工期就等于计算工期，即：

$$T_p = T_c = 15$$

计划工期应标注在网络计划终点节点的右上方，如图 3-20 所示。

3. 计算工作的最迟完成时间和最迟开始时间

工作最迟完成时间和最迟开始时间的计算应从网络计划的终点节点开始，逆着箭线方向依次进行。其计算步骤如下：

（1）以网络计划终点节点为完成节点的工作，其最迟完成时间等于网络计划的计划工期，即：

$$LF_{i-n} = T_p \tag{3-6}$$

式中　LF_{i-n}——以网络计划终点节点 n 为完成节点的工作的最迟完成时间；

　　　T_p——网络计划的计划工期。

例如在本例中，工作 2—7、工作 5—7 和工作 6—7 的最迟完成时间为：

$$LF_{2-7} = LF_{5-7} = LF_{6-7} = T_p = 15$$

（2）工作的最迟开始时间可利用公式（3-7）进行计算：

$$LS_{i-j} = LF_{i-j} - D_{i-j} \tag{3-7}$$

式中　LS_{i-j}——工作 $i-j$ 的最迟开始时间；

　　　LF_{i-j}——工作 $i-j$ 的最迟完成时间；

　　　D_{i-j}——工作 $i-j$ 的持续时间。

例如在本例中，工作 2—7、工作 5—7 和工作 6—7 的最迟开始时间分别为：

$$LS_{2-7} = LF_{2-7} - D_{2-7} = 15 - 5 = 10$$
$$LS_{5-7} = LF_{5-7} - D_{5-7} = 15 - 3 = 12$$
$$LS_{6-7} = LF_{6-7} - D_{6-7} = 15 - 5 = 10$$

（3）其他工作的最迟完成时间应等于其紧后工作最迟开始时间的最小值，即：

$$LF_{i-j} = \text{Min}\{LS_{j-k}\} = \text{Min}\{LF_{j-k} - D_{j-k}\} \tag{3-8}$$

式中　LF_{i-j}——工作 $i-j$ 的最迟完成时间；

　　　LS_{j-k}——工作 $i-j$ 的紧后工作 $j-k$（非虚工作）的最迟开始时间；

　　　LF_{j-k}——工作 $i-j$ 的紧后工作 $j-k$（非虚工作）的最迟完成时间；

　　　D_{j-k}——工作 $i-j$ 的紧后工作 $j-k$（非虚工作）的持续时间。

例如在本例中，工作 3—5 和工作 4—6 的最迟完成时间分别为：

$$LF_{3-5} = \text{Min}\{LS_{5-7}, LS_{6-7}\} = \text{Min}\{12, 10\} = 10$$
$$LF_{4-6} = LS_{6-7} = 10$$

4. 计算工作的总时差

工作的总时差等于该工作最迟完成时间与最早完成时间之差，或该工作最迟开始时间与最早开始时间之差，即：

$$TF_{i-j}=LF_{i-j}-EF_{i-j}=LS_{i-j}-ES_{i-j} \qquad (3\text{-}9)$$

式中　TF_{i-j}——工作 i—j 的总时差；其余符号同前。

例如在本例中，工作 3—5 的总时差为：

$$TF_{3-5}=LF_{3-5}-EF_{3-5}=10-9=1$$

或

$$TF_{3-5}=LS_{3-5}-ES_{3-5}=5-4=1$$

5. 计算工作的自由时差

工作自由时差的计算应按以下两种情况分别考虑：

（1）对于有紧后工作的工作，其自由时差等于本工作之紧后工作最早开始时间减本工作最早完成时间所得之差的最小值，即：

$$FF_{i-j}=Min\{ES_{j-k}-EF_{i-j}\}$$
$$=Min\{ES_{j-k}-ES_{i-j}-D_{i-j}\} \qquad (3\text{-}10)$$

式中　FF_{i-j}——工作 i—j 的自由时差；

　　　ES_{j-k}——工作 i—j 的紧后工作 j—k（非虚工作）的最早开始时间；

　　　EF_{i-j}——工作 i—j 的最早完成时间；

　　　ES_{i-j}——工作 i—j 的最早开始时间；

　　　D_{i-j}——工作 i—j 的持续时间。

例如在本例中，工作 1—4 和工作 3—5 的自由时差分别为：

$$FF_{1-4}=ES_{4-6}-EF_{1-4}=4-2=2$$
$$FF_{3-5}=Min\{ES_{5-7}-EF_{3-5},ES_{6-7}-EF_{3-5}\}$$
$$=Min\{9-9,10-9\}$$
$$=0$$

（2）对于无紧后工作的工作，也就是以网络计划终点节点为完成节点的工作，其自由时差等于计划工期与本工作最早完成时间之差，即：

$$FF_{i-n}=T_p-EF_{i-n}=T_p-ES_{i-n}-D_{i-n} \qquad (3\text{-}11)$$

式中　FF_{i-n}——以网络计划终点节点 n 为完成节点的工作 i—n 的自由时差；

　　　T_p——网络计划的计划工期；

　　　EF_{i-n}——以网络计划终点节点 n 为完成节点的工作 i—n 的最早完成时间；

　　　ES_{i-n}——以网络计划终点节点 n 为完成节点的工作 i—n 的最早开始时间；

　　　D_{i-n}——以网络计划终点节点 n 为完成节点的工作 i—n 的持续时间。

例如在本例中，工作 2—7、工作 5—7 和工作 6—7 的自由时差分别为：

$$FF_{2-7}=T_p-EF_{2-7}=15-11=4$$
$$FF_{5-7}=T_p-EF_{5-7}=15-12=3$$
$$FF_{6-7}=T_p-EF_{6-7}=15-15=0$$

需要指出的是，对于网络计划中以终点节点为完成节点的工作，其自由时差与总时差相等。此外，由于工作的自由时差是其总时差的构成部分，所以，当工作的总时差为零时，其自由时差必然为零，可不必进行专门计算。例如在本例中，工作 1—3、工作 4—6 和工作 6—7 的总时差全部为零，故其自由时差也全部为零。

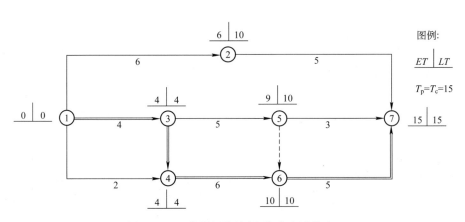

图 3-22　双代号网络计划（按节点计算法）

2）其他节点的最早时间应按公式（3-12）进行计算：

$$ET_j = Max\{ET_i + D_{i-j}\} \tag{3-12}$$

式中　ET_j——工作 $i—j$ 的完成节点 j 的最早时间；

　　　ET_i——工作 $i—j$ 的开始节点 i 的最早时间；

　　　D_{i-j}——工作 $i—j$ 的持续时间。

例如在本例中，节点③和节点④的最早时间分别为：

$$ET_3 = ET_1 + D_{1-3} = 0 + 4 = 4$$
$$ET_4 = Max\{ET_1 + D_{1-4}, \ ET_3 + D_{3-4}\}$$
$$= Max\{0 + 2, \ 4 + 0\}$$
$$= 4$$

3）网络计划的计算工期等于网络计划终点节点的最早时间，即：

$$T_c = ET_n \tag{3-13}$$

式中　T_c——网络计划的计算工期；

　　　ET_n——网络计划终点节点 n 的最早时间。

例如在本例中，其计算工期为：

$$T_c = ET_7 = 15 \tag{3-14}$$

（2）确定网络计划的计划工期

网络计划的计划工期应按公式（3-1）或公式（3-2）确定。在本例中，假设未规定要求工期，则其计划工期就等于计算工期，即：

$$T_p = T_c = 15$$

计划工期应标注在终点节点的右上方，如图 3-22 所示。

（3）计算节点的最迟时间

节点最迟时间的计算应从网络计划的终点节点开始，逆着箭线方向依次进行。其计算步骤如下：

1）网络计划终点节点的最迟时间等于网络计划的计划工期，即：

$$LT_n = T_p \tag{3-15}$$

式中　LT_n——网络计划终点节点 n 的最迟时间；

　　　T_p——网络计划的计划工期。

例如在本例中，终点节点⑦的最迟时间为：

$$LT_7 = T_p = 15$$

2）其他节点的最迟时间应按公式（3-16）进行计算：

$$LT_i = \text{Min}\{LT_j - D_{i-j}\} \tag{3-16}$$

式中　LT_i——工作 i—j 的开始节点 i 的最迟时间；

　　　LT_j——工作 i—j 的完成节点 j 的最迟时间；

　　　D_{i-j}——工作 i—j 的持续时间。

例如在本例中，节点⑥和节点⑤的最迟时间分别为：

$$LT_6 = LT_7 - D_{6-7} = 15 - 5 = 10$$

$$LT_5 = \text{Min}\{LT_6 - D_{5-6}, LT_7 - D_{5-7}\}$$

$$= \text{Min}\{10 - 0, 15 - 3\}$$

$$= 10$$

2. 根据节点的最早时间和最迟时间判定工作的六个时间参数

（1）工作的最早开始时间等于该工作开始节点的最早时间，即：

$$ES_{i-j} = ET_i \tag{3-17}$$

例如在本例中，工作 1—2 和工作 2—7 的最早开始时间分别为：

$$ES_{1-2} = ET_1 = 0$$

$$ES_{2-7} = ET_2 = 6$$

（2）工作的最早完成时间等于该工作开始节点的最早时间与其持续时间之和，即：

$$EF_{i-j} = ET_i + D_{i-j} \tag{3-18}$$

例如在本例中，工作 1—2 和工作 2—7 的最早完成时间分别为：

$$EF_{1-2} = ET_1 + D_{1-2} = 0 + 6 = 6$$

$$EF_{2-7} = ET_2 + D_{2-7} = 6 + 5 = 11$$

（3）工作的最迟完成时间等于该工作完成节点的最迟时间，即：

$$LF_{i-j} = LT_j \tag{3-19}$$

例如在本例中，工作 1—2 和工作 2—7 的最迟完成时间分别为：

$$LF_{1-2} = LT_2 = 10$$

$$LF_{2-7} = LT_7 = 15$$

（4）工作的最迟开始时间等于该工作完成节点的最迟时间与其持续时间之差，即：

$$LS_{i-j} = LT_j - D_{i-j} \tag{3-20}$$

例如在本例中，工作 1—2 和工作 2—7 的最迟开始时间分别为：

$$LS_{1-2} = LT_2 - D_{1-2} = 10 - 6 = 4$$

$$LS_{2-7} = LT_7 - D_{2-7} = 15 - 5 = 10$$

（5）工作的总时差可根据公式（3-9）、公式（3-19）和公式（3-18）得到：

$$TF_{i-j} = LF_{i-j} - EF_{i-j}$$

$$= LT_j - (ET_i + D_{i-j})$$

$$= LT_j - ET_i - D_{i-j} \tag{3-21}$$

由公式（3-21）可知，工作的总时差等于该工作完成节点的最迟时间减去该工作开始节点的最早时间所得差值再减其持续时间。例如在本例中，工作1—2和工作3—5的总时差分别为：

$$TF_{1-2}=LT_2-ET_1-D_{1-2}=10-0-6=4$$
$$TF_{3-5}=LT_5-ET_3-D_{3-5}=10-4-5=1$$

（6）工作的自由时差可根据公式（3-10）和公式（3-17）得到：

$$FF_{i-j}=\text{Min}\{ES_{j-k}-ES_{i-j}-D_{i-j}\}$$
$$=\text{Min}\{ES_{j-k}\}-ES_{i-j}-D_{i-j}$$
$$=\text{Min}\{ET_j\}-ET_i-D_{i-j} \qquad (3-22)$$

由公式（3-22）可知，工作的自由时差等于该工作完成节点的最早时间减去该工作开始节点的最早时间所得差值再减其持续时间。例如在本例中，工作1—2和3—5的自由时差分别为：

$$FF_{1-2}=ET_2-ET_1-D_{1-2}=6-0-6=0$$
$$FF_{3-5}=ET_5-ET_3-D_{3-5}=9-4-5=0$$

特别需要注意的是，如果本工作与其各紧后工作之间存在虚工作时，其中的ET_j应为本工作紧后工作开始节点的最早时间，而不是本工作完成节点的最早时间。

3. 确定关键线路和关键工作

在双代号网络计划中，关键线路上的节点称为关键节点。关键工作两端的节点必为关键节点，但两端为关键节点的工作不一定是关键工作。关键节点的最迟时间与最早时间的差值最小。特别地，当网络计划的计划工期等于计算工期时，关键节点的最早时间与最迟时间必然相等。例如在本例中，节点①、③、④、⑥、⑦就是关键节点。关键节点必然处在关键线路上，但由关键节点组成的线路不一定是关键线路。例如在本例中，由关键节点①、④、⑥、⑦组成的线路就不是关键线路。

当利用关键节点判别关键线路和关键工作时，还要满足下列判别式：

$$ET_i+D_{i-j}=ET_j \qquad (3-23)$$

或

$$LT_i+D_{i-j}=LT_j \qquad (3-24)$$

式中　ET_i——工作$i-j$的开始节点（关键节点）i的最早时间；

　　　D_{i-j}——工作$i-j$的持续时间；

　　　ET_j——工作$i-j$的完成节点（关键节点）j的最早时间；

　　　LT_i——工作$i-j$的开始节点（关键节点）i的最迟时间；

　　　LT_j——工作$i-j$的完成节点（关键节点）j的最迟时间。

如果两个关键节点之间的工作符合上述判别式，则该工作必然为关键工作，它应该在关键线路上。否则，该工作就不是关键工作，关键线路也就不会从此处通过。例如在本例中，工作1—3、虚工作3—4、工作4—6和工作6—7均符合上述判别式，故线路①→③→④→⑥→⑦为关键线路。

4. 关键节点的特性

在双代号网络计划中，当计划工期等于计算工期时，关键节点具有以下一些特性，掌握这些特性，有助于确定工作时间参数。

(1) 开始节点和完成节点均为关键节点的工作，不一定是关键工作。例如在图 3-22 所示网络计划中，节点①和节点④为关键节点，但工作 1—4 为非关键工作。由于其两端为关键节点，机动时间不可能为其他工作所利用，故其总时差和自由时差均为 2。

(2) 以关键节点为完成节点的工作，其总时差和自由时差必然相等。例如在图 3-22 所示网络计划中，工作 1—4 的总时差和自由时差均为 2；工作 2—7 的总时差和自由时差均为 4；工作 5—7 的总时差和自由时差均为 3。

(3) 当两个关键节点间有多项工作，且工作间的非关键节点无其他内向箭线和外向箭线时，则两个关键节点间各项工作的总时差均相等。在这些工作中，除以关键节点为完成节点的工作自由时差等于总时差外，其余工作的自由时差均为零。例如在图 3-22 所示网络计划中，工作 1—2 和工作 2—7 的总时差均为 4。工作 2—7 的自由时差等于总时差，而工作 1—2 的自由时差为零。

(4) 当两个关键节点间有多项工作，且工作间的非关键节点有外向箭线而无其他内向箭线时，则两个关键节点间各项工作的总时差不一定相等。在这些工作中，除以关键节点为完成节点的工作自由时差等于总时差外，其余工作的自由时差均为零。例如在图 3-22 所示网络计划中，工作 3—5 和工作 5—7 的总时差分别为 1 和 3。工作 5—7 的自由时差等于总时差，而工作 3—5 的自由时差为零。

（三）标号法

标号法是一种快速寻求网络计划计算工期和关键线路的方法。标号法利用按节点计算法的基本原理，对网络计划中的每一个节点进行标号，然后利用标号值确定网络计划的计算工期和关键线路。

下面仍以图 3-19 所示网络计划为例，说明标号法的计算过程。其计算结果如图 3-23 所示。

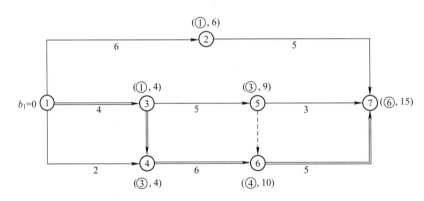

图 3-23　双代号网络计划(标号法)

(1) 网络计划起点节点的标号值为零。例如在本例中，节点①的标号值为零，即：

$$b_1 = 0$$

(2) 其他节点的标号值应根据公式（3-25）按节点编号从小到大的顺序逐个进行计算：

$$b_j = \mathrm{Max}\{b_i + D_{i-j}\} \tag{3-25}$$

式中　b_j——工作 $i—j$ 的完成节点 j 的标号值；

　　　b_i——工作 $i—j$ 的开始节点 i 的标号值；

　　$D_{i—j}$——工作 $i—j$ 的持续时间。

例如在本例中，节点③和节点④的标号值分别为：

$$b_3 = b_1 + D_{1-3} = 0 + 4 = 4$$
$$b_4 = \text{Max}\{b_1 + D_{1-4}, \ b_3 + D_{3-4}\}$$
$$= \text{Max}\{0+2, \ 4+0\}$$
$$= 4$$

当计算出节点的标号值后，应用其标号值及其源节点对该节点进行双标号。所谓源节点，就是用来确定本节点标号值的节点。例如在本例中，节点④的标号值 4 是由节点③所确定，故节点④的源节点就是节点③。如果源节点有多个，应将所有源节点标出。

（3）网络计划的计算工期就是网络计划终点节点的标号值。例如在本例中，其计算工期就等于终点节点⑦的标号值 15。

（4）关键线路应从网络计划的终点节点开始，逆着箭线方向按源节点确定。例如在本例中，从终点节点⑦开始，逆着箭线方向按源节点可以找出关键线路为①→③→④→⑥→⑦。

三、单代号网络计划时间参数的计算

单代号网络计划与双代号网络计划只是表现形式不同，它们所表达的内容则完全一样。下面以图 3-24 所示单代号网络计划为例，说明其时间参数的计算过程。计算结果如图 3-25 所示。

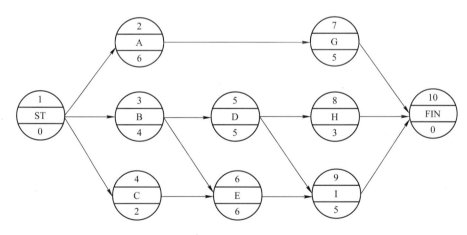

图 3-24　单代号网络计划

（一）计算工作的最早开始时间和最早完成时间

工作最早开始时间和最早完成时间的计算应从网络计划的起点节点开始，顺着箭线方向按节点编号从小到大的顺序依次进行。其计算步骤如下：

（1）网络计划起点节点所代表的工作，其最早开始时间未规定时取值为零。例如在本例中，起点节点 ST 所代表的工作（虚拟工作）的最早开始时间为零，即：

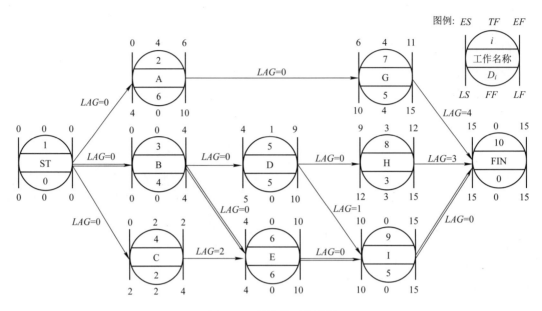

图 3-25　单代号网络计划

$$ES_1 = 0 \tag{3-26}$$

（2）工作的最早完成时间应等于本工作的最早开始时间与其持续时间之和，即：

$$EF_i = ES_i + D_i \tag{3-27}$$

式中　　EF_i——工作 i 的最早完成时间；

　　　　ES_i——工作 i 的最早开始时间；

　　　　D_i——工作 i 的持续时间。

例如在本例中，虚工作 ST 和工作 A 的最早完成时间分别为：

$$EF_1 = ES_1 + D_1 = 0 + 0 = 0$$
$$EF_2 = ES_2 + D_2 = 0 + 6 = 6$$

（3）其他工作的最早开始时间应等于其紧前工作最早完成时间的最大值，即：

$$ES_j = \mathrm{Max}\{EF_i\} \tag{3-28}$$

式中　　ES_j——工作 j 的最早开始时间；

　　　　EF_i——工作 j 的紧前工作 i 的最早完成时间。

例如在本例中，工作 E 和工作 G 的最早开始时间分别为：

$$ES_6 = \mathrm{Max}\{EF_3, EF_4\} = \mathrm{Max}\{4, 2\} = 4$$
$$ES_7 = EF_2 = 6$$

（4）网络计划的计算工期等于其终点节点所代表的工作的最早完成时间。例如在本例中，其计算工期为：

$$T_c = EF_{10} = 15$$

（二）计算相邻两项工作之间的时间间隔

相邻两项工作之间的时间间隔是指其紧后工作的最早开始时间与本工作最早完成时间的差值，即：

$$LAG_{i,j} = ES_j - EF_i \tag{3-29}$$

式中　$LAG_{i,j}$——工作 i 与其紧后工作 j 之间的时间间隔；

　　　ES_j——工作 i 的紧后工作 j 的最早开始时间；

　　　EF_i——工作 i 的最早完成时间。

例如在本例中，工作 A 与工作 G、工作 C 与工作 E 的时间间隔分别为：

$$LAG_{2,7}=ES_7-EF_2=6-6=0$$

$$LAG_{4,6}=ES_6-EF_4=4-2=2$$

（三）确定网络计划的计划工期

网络计划的计划工期仍按公式（3-1）或公式（3-2）确定。在本例中，假设未规定要求工期，则其计划工期就等于计算工期，即：

$$T_p=T_c=15$$

（四）计算工作的总时差

工作总时差的计算应从网络计划的终点节点开始，逆着箭线方向按节点编号从大到小的顺序依次进行。

（1）网络计划终点节点 n 所代表的工作的总时差应等于计划工期与计算工期之差，即：

$$TF_n=T_p-T_c \tag{3-30}$$

当计划工期等于计算工期时，该工作的总时差为零。例如在本例中，终点节点⑩所代表的工作 FIN（虚拟工作）的总时差为：

$$TF_{10}=T_p-T_c=15-15=0$$

（2）其他工作的总时差应等于本工作与其各紧后工作之间的时间间隔加该紧后工作的总时差所得之和的最小值，即：

$$TF_i=\mathrm{Min}\{LAG_{i,j}+TF_j\} \tag{3-31}$$

式中　TF_i——工作 i 的总时差；

　　$LAG_{i,j}$——工作 i 与其紧后工作 j 之间的时间间隔；

　　　TF_j——工作 i 的紧后工作 j 的总时差。

例如在本例中，工作 H 和工作 D 的总时差分别为：

$$TF_8=LAG_{8,10}+TF_{10}=3+0=3$$

$$TF_5=\mathrm{Min}\{LAG_{5,8}+TF_8,\ LAG_{5,9}+TF_9\}$$

$$=\mathrm{Min}\{0+3,\ 1+0\}$$

$$=1$$

（五）计算工作的自由时差

（1）网络计划终点节点 n 所代表的工作的自由时差等于计划工期与本工作的最早完成时间之差，即：

$$FF_n=T_p-EF_n \tag{3-32}$$

式中　FF_n——终点节点 n 所代表的工作的自由时差；

　　　T_p——网络计划的计划工期；

　　　EF_n——终点节点 n 所代表的工作的最早完成时间（即计算工期）。

例如在本例中，终点节点⑩所代表的工作 FIN（虚拟工作）的自由时差为：

$$FF_{10} = T_p - EF_{10} = 15 - 15 = 0$$

（2）其他工作的自由时差等于本工作与其紧后工作之间时间间隔的最小值，即：

$$FF_i = \min\{LAG_{i,j}\} \tag{3-33}$$

例如在本例中，工作 D 和工作 G 的自由时差分别为：

$$FF_5 = \min\{LAG_{5,8}, LAG_{5,9}\} = \min\{0, 1\} = 0$$

$$FF_7 = LAG_{7,10} = 4$$

（六）计算工作的最迟完成时间和最迟开始时间

工作的最迟完成时间和最迟开始时间的计算可按以下两种方法进行：

1. 根据总时差计算

（1）工作的最迟完成时间等于本工作的最早完成时间与其总时差之和，即：

$$LF_i = EF_i + TF_i \tag{3-34}$$

例如在本例中，工作 D 和工作 G 的最迟完成时间分别为：

$$LF_5 = EF_5 + TF_5 = 9 + 1 = 10$$

$$LF_7 = EF_7 + TF_7 = 11 + 4 = 15$$

（2）工作的最迟开始时间等于本工作的最早开始时间与其总时差之和，即：

$$LS_i = ES_i + TF_i \tag{3-35}$$

例如在本例中，工作 D 和工作 G 的最迟开始时间分别为：

$$LS_5 = ES_5 + TF_5 = 4 + 1 = 5$$

$$LS_7 = ES_7 + TF_7 = 6 + 4 = 10$$

2. 根据计划工期计算

工作最迟完成时间和最迟开始时间的计算应从网络计划的终点节点开始，逆着箭线方向按节点编号从大到小的顺序依次进行。

（1）网络计划终点节点 n 所代表的工作的最迟完成时间等于该网络计划的计划工期，即：

$$LF_n = T_p \tag{3-36}$$

例如在本例中，终点节点⑩所代表的工作 FIN（虚拟工作）的最迟完成时间为：

$$LF_{10} = T_p = 15$$

（2）工作的最迟开始时间等于本工作的最迟完成时间与其持续时间之差，即：

$$LS_i = LF_i - D_i \tag{3-37}$$

例如在本例中，虚拟工作 FIN 和工作 G 的最迟开始时间分别为：

$$LS_{10} = LF_{10} - D_{10} = 15 - 0 = 15$$

$$LS_7 = LF_7 - D_7 = 15 - 5 = 10$$

（3）其他工作的最迟完成时间等于该工作各紧后工作最迟开始时间的最小值，即：

$$LF_i = \min\{LS_j\} \tag{3-38}$$

式中　LF_i——工作 i 的最迟完成时间；

　　　LS_j——工作 i 的紧后工作 j 的最迟开始时间。

例如在本例中，工作 H 和工作 D 的最迟完成时间分别为：

$$LF_8 = LS_{10} = 15$$
$$LF_5 = Min\{LS_8, LS_9\}$$
$$= Min\{12, 10\}$$
$$= 10$$

（七）确定网络计划的关键线路

1. 利用关键工作确定关键线路

如前所述，总时差最小的工作为关键工作。将这些关键工作相连，并保证相邻两项关键工作之间的时间间隔为零而构成的线路就是关键线路。

例如在本例中，由于工作 B、工作 E 和工作 I 的总时差均为零，故这些工作均为关键工作。由网络计划的起点节点①和终点节点⑩与上述三项关键工作组成的线路上，相邻两项工作之间的时间间隔全部为零，故线路①→③→⑥→⑨→⑩为关键线路。

2. 利用相邻两项工作之间的时间间隔确定关键线路

从网络计划的终点节点开始，逆着箭线方向依次找出相邻两项工作之间时间间隔为零的线路就是关键线路。例如在本例中，逆着箭线方向可以直接找出关键线路①→③→⑥→⑨→⑩，因为在这条线路上，相邻两项工作之间的时间间隔均为零。

在网络计划中，关键线路可以用粗箭线或双箭线标出，也可以用彩色箭线标出。

第四节　双代号时标网络计划

双代号时标网络计划（简称时标网络计划）必须以水平时间坐标为尺度表示工作时间。时标的时间单位应根据需要在编制网络计划之前确定，可以是小时、天、周、月或季度等。

在时标网络计划中，以实箭线表示工作，实箭线的水平投影长度表示该工作的持续时间；以虚箭线表示虚工作，由于虚工作的持续时间为零，故虚箭线只能垂直画；以波形线表示工作与其紧后工作之间的时间间隔（以终点节点为完成节点的工作除外，当计划工期等于计算工期时，这些工作箭线中波形线的水平投影长度表示其自由时差）。

时标网络计划既具有网络计划的优点，又具有横道计划直观易懂的优点，它将网络计划的时间参数直观地表达出来。

一、时标网络计划的编制方法

时标网络计划宜按各项工作的最早开始时间编制。为此，在编制时标网络计划时应使每一个节点和每一项工作（包括虚工作）尽量向左靠，直至不出现从右向左的逆向箭线为止。

在编制时标网络计划之前，应先按已经确定的时间单位绘制时标网络计划表。时间坐标可以标注在时标网络计划表的顶部或底部。当网络计划的规模比较大，且比较复杂时，可以在时标网络计划表的顶部和底部同时标注时间坐标。必要时，还可以在顶部时间坐标之上或底部时间坐标之下同时加注日历时间。时标网络计划表见表 3-7。表中部的刻度线宜为细线。为使图面清晰简洁，此线也可不画或少画。

时标网络计划 表 3-7

日历																
(时间单位)	1	2	3	4	5	6	7	8	9	10	11	12	13	14	15	16
网络计划																
(时间单位)	1	2	3	4	5	6	7	8	9	10	11	12	13	14	15	16

编制时标网络计划应先绘制无时标的网络计划草图,然后按间接绘制法或直接绘制法进行。

(一)间接绘制法

所谓间接绘制法,是指先根据无时标的网络计划草图计算其时间参数并确定关键线路,然后在时标网络计划表中进行绘制。在绘制时应先将所有节点按其最早时间定位在时标网络计划表中的相应位置,然后再用规定线型(实箭线和虚箭线)按比例绘出工作和虚工作。当某些工作箭线的长度不足以到达该工作的完成节点时,须用波形线补足,箭头应画在与该工作完成节点的连接处。

(二)直接绘制法

所谓直接绘制法,是指不计算时间参数而直接按无时标的网络计划草图绘制时标网络计划。现以图 3-26 所示网络计划为例,说明时标网络计划的绘制过程。

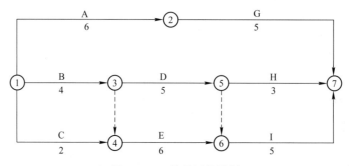

图 3-26 双代号网络计划

(1)将网络计划的起点节点定位在时标网络计划表的起始刻度线上。如图 3-27 所示,节点①就是定位在时标网络计划表的起始刻度线"0"位置上。

图 3-27 直接绘制法第一步

(2)按工作的持续时间绘制以网络计划起点节点为开始节点的工作箭线。如图 3-27

所示，分别绘出工作箭线 A、B 和 C。

（3）除网络计划的起点节点外，其他节点必须在所有以该节点为完成节点的工作箭线均绘出后，定位在这些工作箭线中最迟的箭线末端。当某些工作箭线的长度不足以到达该节点时，须用波形线补足，箭头画在与该节点的连接处。例如在本例中，节点②直接定位在工作箭线 A 的末端；节点③直接定位在工作箭线 B 的末端；节点④的位置需要在绘出虚箭线③→④之后，定位在工作箭线 C 和虚箭线③→④中最迟的箭线末端，即坐标"4"的位置上。此时，工作箭线 C 的长度不足以到达节点④，因而用波形线补足，如图 3-28 所示。

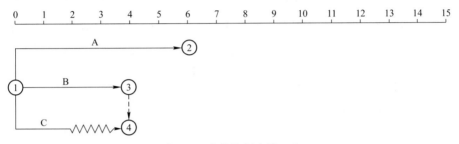

图 3-28　直接绘制法第二步

（4）当某个节点的位置确定之后，即可绘制以该节点为开始节点的工作箭线。例如在本例中，在图 3-28 基础之上，可以分别以节点②、节点③和节点④为开始节点绘制工作箭线 G、工作箭线 D 和工作箭线 E，如图 3-29 所示。

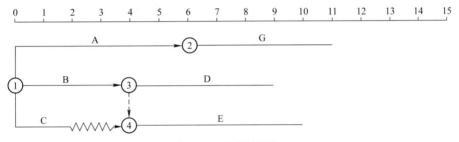

图 3-29　直接绘制法第三步

（5）利用上述方法从左至右依次确定其他各个节点的位置，直至绘出网络计划的终点节点。例如在本例中，在图 3-29 基础之上，可以分别确定节点⑤和节点⑥的位置，并在它们之后分别绘制工作箭线 H 和工作箭线 I，如图 3-30 所示。

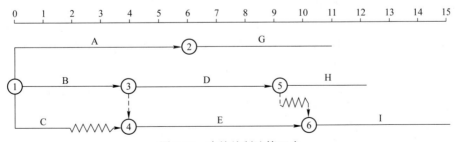

图 3-30　直接绘制法第四步

最后，根据工作箭线 G、工作箭线 H 和工作箭线 I 确定出终点节点的位置。本例所对应的时标网络计划如图 3-31 所示，图中双箭线表示的线路为关键线路。

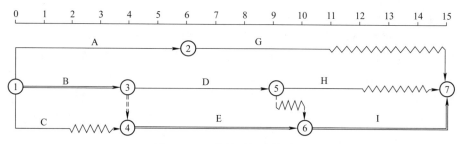

图 3-31　双代号时标网络计划

在绘制时标网络计划时,特别需要注意的问题是处理好虚箭线。首先,应将虚箭线与实箭线等同看待,只是其对应工作的持续时间为零;其次,尽管其本身没有持续时间,但可能存在波形线,因此,要按规定画出波形线。在画波形线时,其垂直部分仍应画为虚线(如图 3-31 所示时标网络计划中的虚箭线⑤→⑥)。

二、时标网络计划中时间参数的判定

(一)关键线路和计算工期的判定

1. 关键线路的判定

时标网络计划中的关键线路可从网络计划的终点节点开始,逆着箭线方向进行判定。凡自始至终不出现波形线的线路即为关键线路。因为不出现波形线,就说明在这条线路上相邻两项工作之间的时间间隔全部为零,也就是在计算工期等于计划工期的前提下,这些工作的总时差和自由时差全部为零。例如在图 3-31 所示时标网络计划中,线路①→③→④→⑥→⑦即为关键线路。

2. 计算工期的判定

网络计划的计算工期应等于终点节点所对应的时标值与起点节点所对应的时标值之差。例如,图 3-31 所示时标网络计划的计算工期为:

$$T_c = 15 - 0 = 15$$

(二)相邻两项工作之间时间间隔的判定

除以终点节点为完成节点的工作外,工作箭线中波形线的水平投影长度表示工作与其紧后工作之间的时间间隔。例如在图 3-31 所示的时标网络计划中,工作 C 和工作 E 之间的时间间隔为 2;工作 D 和工作 I 之间的时间间隔为 1;其他工作之间的时间间隔均为零。

(三)工作六个时间参数的判定

1. 工作最早开始时间和最早完成时间的判定

工作箭线左端节点中心所对应的时标值为该工作的最早开始时间。当工作箭线中不存在波形线时,其右端节点中心所对应的时标值为该工作的最早完成时间;当工作箭线中存在波形线时,工作箭线实线部分右端点所对应的时标值为该工作的最早完成时间。例如在图 3-31 所示的时标网络计划中,工作 A 和工作 H 的最早开始时间分别为 0 和 9,而它们的最早完成时间分别为 6 和 12。

2. 工作总时差的判定

工作总时差的判定应从网络计划的终点节点开始,逆着箭线方向依次进行。

(1)以终点节点为完成节点的工作,其总时差应等于计划工期与本工作最早完成时间之差,即:

$$TF_{i-n} = T_p - EF_{i-n} \tag{3-39}$$

式中 TF_{i-n}——以网络计划终点节点 n 为完成节点的工作的总时差；

T_p——网络计划的计划工期；

EF_{i-n}——以网络计划终点节点 n 为完成节点的工作的最早完成时间。

例如在图 3-31 所示的时标网络计划中，假设计划工期为 15，则工作 G、工作 H 和工作 I 的总时差分别为：

$$TF_{2-7} = T_p - EF_{2-7} = 15 - 11 = 4$$
$$TF_{5-7} = T_p - EF_{5-7} = 15 - 12 = 3$$
$$TF_{6-7} = T_p - EF_{6-7} = 15 - 15 = 0$$

（2）其他工作的总时差等于其紧后工作的总时差加本工作与该紧后工作之间的时间间隔所得之和的最小值，即：

$$TF_{i-j} = \text{Min}\{TF_{j-k} + LAG_{i-j,j-k}\} \tag{3-40}$$

式中 TF_{i-j}——工作 $i-j$ 的总时差；

TF_{j-k}——工作 $i-j$ 的紧后工作 $j-k$（非虚工作）的总时差；

$LAG_{i-j,j-k}$——工作 $i-j$ 与其紧后工作 $j-k$（非虚工作）之间的时间间隔。

例如在图 3-31 所示的时标网络计划中，工作 A、工作 C 和工作 D 的总时差分别为：

$$TF_{1-2} = TF_{2-7} + LAG_{1-2,2-7} = 4 + 0 = 4$$
$$TF_{1-4} = TF_{4-6} + LAG_{1-4,4-6} = 0 + 2 = 2$$
$$TF_{3-5} = \text{Min}\{TF_{5-7} + LAG_{3-5,5-7}, TF_{6-7} + LAG_{3-5,6-7}\}$$
$$= \text{Min}\{3 + 0, 0 + 1\}$$
$$= 1$$

3. 工作自由时差的判定

（1）以终点节点为完成节点的工作，其自由时差应等于计划工期与本工作最早完成时间之差，即：

$$FF_{i-n} = T_p - EF_{i-n} \tag{3-41}$$

式中 FF_{i-n}——以网络计划终点节点 n 为完成节点的工作的总时差；

T_p——网络计划的计划工期；

EF_{i-n}——以网络计划终点节点 n 为完成节点的工作的最早完成时间。

例如在图 3-31 所示的时标网络计划中，工作 G、工作 H 和工作 I 的自由时差分别为：

$$FF_{2-7} = T_p - EF_{2-7} = 15 - 11 = 4$$
$$FF_{5-7} = T_p - EF_{5-7} = 15 - 12 = 3$$
$$FF_{6-7} = T_p - EF_{6-7} = 15 - 15 = 0$$

事实上，以终点节点为完成节点的工作，其自由时差与总时差必然相等。

（2）其他工作的自由时差就是该工作箭线中波形线的水平投影长度。但当工作之后只紧接虚工作时，则该工作箭线上一定不存在波形线，而其紧接的虚箭线中波形线水平投影长度的最短者为该工作的自由时差。

例如在图 3-31 所示的时标网络计划中，工作 A、工作 B、工作 D 和工作 E 的自由时差均为零，而工作 C 的自由时差为 2。

4. 工作最迟开始时间和最迟完成时间的判定

（1）工作的最迟开始时间等于本工作的最早开始时间与其总时差之和，即：

$$LS_{i-j}=ES_{i-j}+TF_{i-j} \tag{3-42}$$

式中　LS_{i-j}——工作 $i—j$ 的最迟开始时间；

　　　ES_{i-j}——工作 $i—j$ 的最早开始时间；

　　　TF_{i-j}——工作 $i—j$ 的总时差。

例如在图 3-31 所示的时标网络计划中，工作 A、工作 C、工作 D、工作 G 和工作 H 的最迟开始时间分别为：

$$LS_{1-2}=ES_{1-2}+TF_{1-2}=0+4=4$$
$$LS_{1-4}=ES_{1-4}+TF_{1-4}=0+2=2$$
$$LS_{3-5}=ES_{3-5}+TF_{3-5}=4+1=5$$
$$LS_{2-7}=ES_{2-7}+TF_{2-7}=6+4=10$$
$$LS_{5-7}=ES_{5-7}+TF_{5-7}=9+3=12$$

（2）工作的最迟完成时间等于本工作的最早完成时间与其总时差之和，即：

$$LF_{i-j}=EF_{i-j}+TF_{i-j} \tag{3-43}$$

式中　LF_{i-j}——工作 $i—j$ 的最迟完成时间；

　　　EF_{i-j}——工作 $i—j$ 的最早完成时间；

　　　TF_{i-j}——工作 $i—j$ 的总时差。

例如在图 3-31 所示的时标网络计划中，工作 A、工作 C、工作 D、工作 G 和工作 H 的最迟完成时间分别为：

$$LF_{1-2}=EF_{1-2}+TF_{1-2}=6+4=10$$
$$LF_{1-4}=EF_{1-4}+TF_{1-4}=2+2=4$$
$$LF_{3-5}=EF_{3-5}+TF_{3-5}=9+1=10$$
$$LF_{2-7}=EF_{2-7}+TF_{2-7}=11+4=15$$
$$LF_{5-7}=EF_{5-7}+TF_{5-7}=12+3=15$$

图 3-31 所示时标网络计划中时间参数的判定结果应与图 3-20 所示网络计划时间参数的计算结果完全一致。

三、时标网络计划的坐标体系

时标网络计划的坐标体系有计算坐标体系、工作日坐标体系和日历坐标体系三种。

（一）计算坐标体系

计算坐标体系主要用作网络计划时间参数的计算。采用该坐标体系便于时间参数的计算，但不够明确。如按照计算坐标体系，网络计划所表示的计划任务从第零天开始，就不容易理解。实际上应为第 1 天开始或明示开始日期。

（二）工作日坐标体系

工作日坐标体系可明示各项工作在整个工程开工后第几天（上班时刻）开始和第几天（下班时刻）完成。但不能明示出整个工程的开工日期和完工日期以及各项工作的开始日期和完成日期。

在工作日坐标体系中，整个工程的开工日期和各项工作的开始日期分别等于计算坐标体系中整个工程的开工日期和各项工作的开始日期加 1；而整个工程的完工日期和各项工作的完成日期就等于计算坐标体系中整个工程的完工日期和各项工作的完成日期。

（三）日历坐标体系

日历坐标体系可以明示整个工程的开工日期和完工日期以及各项工作的开始日期和完成日期，同时还可以考虑扣除节假日休息时间。

图 3-31 所示的时标网络计划中同时标出了三种坐标体系。其中上面为计算坐标体系，中间为工作日坐标体系，下面为日历坐标体系。这里假定 4 月 24 日（星期三）开工，星期六、星期日和"五一"国际劳动节休息。

0	1	2	3	4	5	6	7	8	9	10	11	12	13	14	15
1	2	3	4	5	6	7	8	9	10	11	12	13	14	15	
24/4	25/4	26/4	29/4	30/4	6/5	7/5	8/5	9/5	10/5	13/5	14/5	15/5	16/5	17/5	
三	四	五	一	二	一	二	三	四	五	一	二	三	四	五	

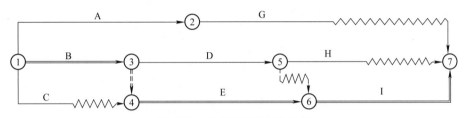

图 3-32 双代号时标网络计划

四、进度计划表

进度计划表也是建设工程进度计划的一种表达方式，包括工作日形象进度计划表和日历进度计划表。

（一）工作日进度计划表

工作日进度计划表是一种根据带有工作日坐标体系的时标网络计划编制的工程进度计划表。根据图 3-32 所示时标网络计划编制的工作日进度计划见表 3-8。

工作日进度计划   表 3-8

序号	工作代号	工作名称	持续时间	最早开始时间	最早完成时间	最迟开始时间	最迟完成时间	自由时差	总时差	关键工作
1	1—2	A	6	1	6	5	10	0	4	否
2	1—3	B	4	1	4	1	4	0	0	是
3	1—4	C	2	1	2	3	4	2	2	否
4	3—5	D	5	5	9	6	10	0	1	否
5	4—6	E	6	5	10	5	10	0	0	是
6	2—7	G	5	7	11	11	15	4	4	否
7	5—7	H	3	10	12	13	15	3	3	否
8	6—7	I	5	11	15	11	15	0	0	是

（二）日历进度计划表

日历进度计划表是一种根据带有日历坐标体系的时标网络计划编制的工程进度计划

表。根据图 3-32 所示时标网络计划编制的日历进度计划见表 3-9。

日历进度计划   表 3-9

序号	工作代号	工作名称	持续时间	最早开始日期	最早完成日期	最迟开始日期	最迟完成日期	自由时差	总时差	关键工作
1	1—2	A	6	24/4	6/5	30/4	10/5	0	4	否
2	1—3	B	4	24/4	29/4	24/4	29/4	0	0	是
3	1—4	C	2	24/4	25/4	26/4	29/4	2	2	否
4	3—5	D	5	30/4	9/5	6/5	10/5	0	1	否
5	4—6	E	6	30/4	10/5	30/4	10/5	0	0	是
6	2—7	G	5	7/5	13/5	13/5	17/5	4	4	否
7	5—7	H	3	10/5	14/5	15/5	17/5	3	3	否
8	6—7	I	5	13/5	17/5	13/5	17/5	0	0	是

第五节 网络计划的优化

网络计划的优化是指在一定约束条件下，按既定目标对网络计划进行不断改进，以寻求满意方案的过程。

网络计划的优化目标应按计划任务的需要和条件选定，包括工期目标、费用目标和资源目标。根据优化目标的不同，网络计划的优化可分为工期优化、费用优化和资源优化三种。

一、工期优化

所谓工期优化，是指网络计划的计算工期不满足要求工期时，通过压缩关键工作的持续时间以满足要求工期目标的过程。

（一）工期优化方法

网络计划工期优化的基本方法是在不改变网络计划中各项工作之间逻辑关系的前提下，通过压缩关键工作的持续时间来达到优化目标。在工期优化过程中，按照经济合理的原则，不能将关键工作压缩成非关键工作。此外，当工期优化过程中出现多条关键线路时，必须将各条关键线路的总持续时间压缩相同数值，否则，不能有效地缩短工期。

网络计划的工期优化可按下列步骤进行：

（1）确定初始网络计划的计算工期和关键线路。

（2）按要求工期计算应缩短的时间 ΔT：

$$\Delta T = T_c - T_r \tag{3-44}$$

式中　T_c——网络计划的计算工期；

　　　T_r——要求工期。

（3）选择应缩短持续时间的关键工作。选择压缩对象时宜在关键工作中考虑下列因素：

1）缩短持续时间对质量和安全影响不大的工作；

2）有充足备用资源的工作；

3）缩短持续时间所需增加的费用最少的工作。

（4）将所选定的关键工作的持续时间压缩至最短，并重新确定计算工期和关键线路。若被压缩的工作变成非关键工作，则应延长其持续时间，使之仍为关键工作。

（5）当计算工期仍超过要求工期时，则重复上述（2）～（4），直至计算工期满足要求工期或计算工期已不能再缩短为止。

（6）当所有关键工作的持续时间都已达到其能缩短的极限而寻求不到继续缩短工期的方案，但网络计划的计算工期仍不能满足要求工期时，应对网络计划的原技术方案、组织方案进行调整，或对要求工期重新审定。

（二）工期优化示例

【例 3-6】　已知某工程双代号网络计划如图 3-33 所示，图中箭线下方括号外数字为工作的正常持续时间，括号内数字为最短持续时间；箭线上方括号内数字为优选系数，该系数综合考虑质量、安全和费用增加情况而确定。选择关键工作压缩其持续时间时，应选择优选系数最小的关键工作。若需要同时压缩多个关键工作的持续时间时，则它们的优选系数之和（组合优选系数）最小者应优先作为压缩对象。现假设要求工期为 15，试对其进行工期优化。

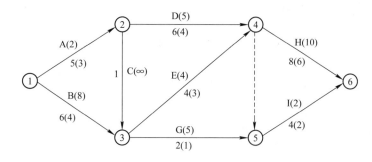

图 3-33　初始网络计划

【解】　该网络计划的工期优化可按以下步骤进行：

（1）根据各项工作的正常持续时间，用标号法确定网络计划的计算工期和关键线路，如图 3-34 所示。此时关键线路为①→②→④→⑥。

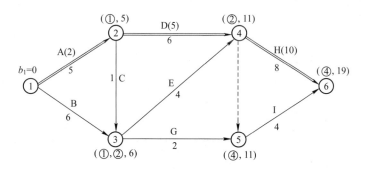

图 3-34　初始网络计划中的关键线路

（2）计算应缩短的时间：

$$\Delta T = T_c - T_r = 19 - 15 = 4$$

（3）由于此时关键工作为工作 A、工作 D 和工作 H，而其中工作 A 的优选系数最小，故应将工作 A 作为优先压缩对象。

（4）将关键工作 A 的持续时间压缩至最短持续时间 3，利用标号法确定新的计算工期和关键线路，如图 3-35 所示。此时，关键工作 A 被压缩成非关键工作，故将其持续时间 3 延长为 4，使之成为关键工作。工作 A 恢复为关键工作之后，网络计划中出现两条关键线路，即：①→②→④→⑥和①→③→④→⑥，如图 3-36 所示。

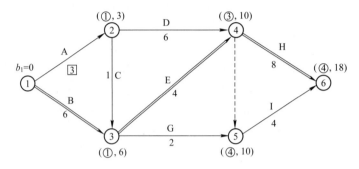

图 3-35　工作 A 压缩至最短时的关键线路

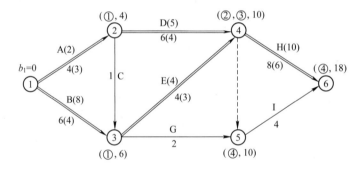

图 3-36　第一次压缩后的网络计划

（5）由于此时计算工期为 18，仍大于要求工期，故需继续压缩。需要缩短的时间：$\Delta T_1 = 18 - 15 = 3$。在图 3-36 所示网络计划中，有以下五个压缩方案：

　　1）同时压缩工作 A 和工作 B，组合优选系数为：2+8=10；

　　2）同时压缩工作 A 和工作 E，组合优选系数为：2+4=6；

　　3）同时压缩工作 B 和工作 D，组合优选系数为：8+5=13；

　　4）同时压缩工作 D 和工作 E，组合优选系数为：5+4=9；

　　5）压缩工作 H，优选系数为 10。

在上述压缩方案中，由于工作 A 和工作 E 的组合优选系数最小，故应选择同时压缩工作 A 和工作 E 的方案。将这两项工作的持续时间各压缩 1（压缩至最短），再用标号法确定计算工期和关键线路，如图 3-37 所示。此时，关键线路仍为两条，即：①→②→④→⑥和①→③→④→⑥。

在图 3-36 中，关键工作 A 和 E 的持续时间已达最短，不能再压缩，它们的优选系数变为无穷大。

（6）由于此时计算工期为 17，仍大于要求工期，故需继续压缩。需要缩短的时间：

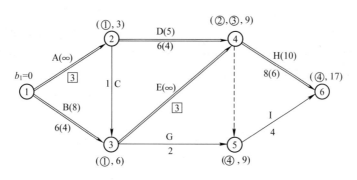

图 3-37 第二次压缩后的网络计划

$\Delta T_2 = 17 - 15 = 2$。在图 3-37 所示网络计划中,由于关键工作 A 和 E 已不能再压缩,故此时只有两个压缩方案:

1) 同时压缩工作 B 和工作 D,组合优选系数为:8+5=13;

2) 压缩工作 H,优选系数为 10。

在上述压缩方案中,由于工作 H 的优选系数最小,故应选择压缩工作 H 的方案。将工作 H 的持续时间缩短 2,再用标号法确定计算工期和关键线路,如图 3-38 所示。此时,计算工期为 15,已等于要求工期,故图 3-38 所示网络计划即为优化方案。

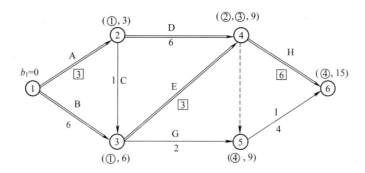

图 3-38 工期优化后的网络计划

二、费用优化

费用优化又称工期成本优化,是指寻求工程总成本最低时的工期安排,或按要求工期寻求最低成本的计划安排的过程。

(一)费用和时间的关系

在建设工程施工过程中,完成一项工作通常可以采用多种施工方法和组织方法,而不同的施工方法和组织方法,又会有不同的持续时间和费用。由于一项建设工程往往包含许多工作,所以在安排建设工程进度计划时,就会出现许多方案。进度方案不同,所对应的总工期和总费用也就不同。为了能从多种方案中找出总成本最低的方案,必须首先分析费用和时间之间的关系。

1. 工程费用与工期的关系

工程总费用由直接费和间接费组成。直接费由人工费、材料费、施工机具使用费、措施费及现场经费等组成。施工方案不同,直接费也就不同;如果施工方案一定,工期不同，直接费也不同。直接费会随着工期的缩短而增加。间接费包括企业经营管理的全部费用，一般会随着工期的缩短而减少。在考虑工程总费用时，还应考虑工期变化带来的其他损益，包括效益增量和资金的时间价值等。工程费用与工期的关系如图 3-39 所示。

2. 工作直接费与持续时间的关系

由于网络计划的工期取决于关键工作的持续时间，为了进行工期成本优化，必须分析网络计划中各项工作的直接费与持续时间之间的关系，这是网络计划工期成本优化的基础。

工作的直接费与持续时间之间的关系类似于工程直接费与工期之间的关系，工作的直接费随着持续时间的缩短而增加，如图 3-40 所示。为简化计算，工作的直接费与持续时间之间的关系被近似地认为是一条直线关系。当工作划分比较详细时，其计算结果还是比较精确的。

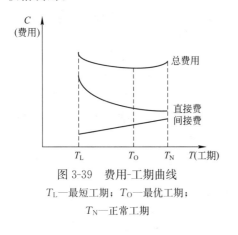

图 3-39　费用-工期曲线

T_L—最短工期；T_O—最优工期；

T_N—正常工期

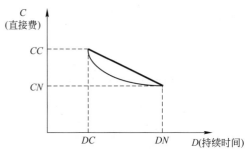

图 3-40　直接费-持续时间曲线

DN—工作的正常持续时间；

CN—按正常持续时间完成工作时所需的直接费；

DC—工作的最短持续时间；

CC—按最短持续时间完成工作时所需的直接费

工作持续时间每缩短单位时间而增加的直接费称为直接费用率。直接费用率可按公式（3-45）计算：

$$\Delta C_{i-j}=\frac{CC_{i-j}-CN_{i-j}}{DN_{i-j}-DC_{i-j}} \tag{3-45}$$

式中　ΔC_{i-j}——工作 $i-j$ 的直接费用率；

　　　CC_{i-j}——按最短持续时间完成工作 $i-j$ 时所需的直接费；

　　　CN_{i-j}——按正常持续时间完成工作 $i-j$ 时所需的直接费；

　　　DN_{i-j}——工作 $i-j$ 的正常持续时间；

　　　DC_{i-j}——工作 $i-j$ 的最短持续时间。

从公式（3-45）可以看出，工作的直接费用率越大，说明将该工作的持续时间缩短一个时间单位，所需增加的直接费就越多；反之，将该工作的持续时间缩短一个时间单位，所需增加的直接费就越少。因此，在压缩关键工作的持续时间以达到缩短工期的目的时，应将直接费用率最小的关键工作作为压缩对象。当有多条关键线路出现而需要同时压缩多个关键工作的持续时间时，应将他们的直接费用率之和（组合直接费用率）最小者作为压缩对象。

（二）费用优化方法

费用优化的基本思路：不断地在网络计划中找出直接费用率（或组合直接费用率）最小的关键工作，缩短其持续时间，同时考虑间接费随工期缩短而减少的数值，最后求得工

程总成本最低时的最优工期安排或按要求工期求得最低成本的计划安排。

按照上述基本思路，费用优化可按以下步骤进行：

（1）按工作的正常持续时间确定计算工期和关键线路。

（2）计算各项工作的直接费用率。直接费用率的计算按公式（3-45）进行。

（3）当只有一条关键线路时，应找出直接费用率最小的一项关键工作，作为缩短持续时间的对象；当有多条关键线路时，应找出组合直接费用率最小的一组关键工作，作为缩短持续时间的对象。

（4）对于选定的压缩对象（一项关键工作或一组关键工作），首先比较其直接费用率或组合直接费用率与工程间接费用率的大小：

1）如果被压缩对象的直接费用率或组合直接费用率大于工程间接费用率，说明压缩关键工作的持续时间会使工程总费用增加，此时应停止缩短关键工作的持续时间，在此之前的方案即为优化方案；

2）如果被压缩对象的直接费用率或组合直接费用率等于工程间接费用率，说明压缩关键工作的持续时间不会使工程总费用增加，故应缩短关键工作的持续时间；

3）如果被压缩对象的直接费用率或组合直接费用率小于工程间接费用率，说明压缩关键工作的持续时间会使工程总费用减少，故应缩短关键工作的持续时间。

（5）当需要缩短关键工作的持续时间时，其缩短值的确定必须符合下列两条原则：

1）缩短后工作的持续时间不能小于其最短持续时间；

2）缩短持续时间的工作不能变成非关键工作。

（6）计算关键工作持续时间缩短后相应增加的总费用。

（7）重复上述（3）～（6），直至计算工期满足要求工期或被压缩对象的直接费用率或组合直接费用率大于工程间接费用率为止。

（8）计算优化后的工程总费用。

（三）费用优化示例

【例 3-7】 已知某工程双代号网络计划如图 3-41 所示，图中箭线下方括号外数字为工作的正常时间，括号内数字为最短持续时间；箭线上方括号外数字为工作按正常持续时间完成时所需的直接费，括号内数字为工作按最短持续时间完成时所需的直接费。该工程的间接费用率为 0.8 万元/天，试对其进行费用优化。

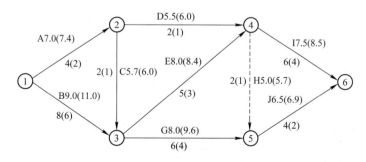

图 3-41 初始网络计划

（费用单位：万元；时间单位：天）

【解】 该网络计划的费用优化可按以下步骤进行：

（1）根据各项工作的正常持续时间，用标号法确定网络计划的计算工期和关键线路，如图 3-42 所示。计算工期为 19 天，关键线路有两条，即：①→③→④→⑥和①→③→④→⑤→⑥。

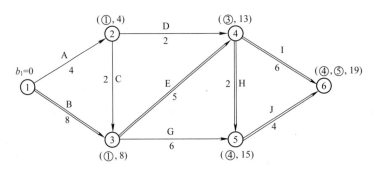

图 3-42　初始网络计划中的关键线路

（2）计算各项工作的直接费用率：

$$\Delta C_{1-2} = \frac{CC_{1-2} - CN_{1-2}}{DN_{1-2} - DC_{1-2}} = \frac{7.4 - 7.0}{4 - 2} = 0.2 \text{（万元／天）}$$

$$\Delta C_{1-3} = \frac{CC_{1-3} - CN_{1-3}}{DN_{1-3} - DC_{1-3}} = \frac{11.0 - 9.0}{8 - 6} = 1.0 \text{（万元／天）}$$

$$\Delta C_{2-3} = \frac{CC_{2-3} - CN_{2-3}}{DN_{2-3} - DC_{2-3}} = \frac{6.0 - 5.7}{2 - 1} = 0.3 \text{（万元／天）}$$

$$\Delta C_{2-4} = \frac{CC_{2-4} - CN_{2-4}}{DN_{2-4} - DC_{2-4}} = \frac{6.0 - 5.5}{2 - 1} = 0.5 \text{（万元／天）}$$

$$\Delta C_{3-4} = \frac{CC_{3-4} - CN_{3-4}}{DN_{3-4} - DC_{3-4}} = \frac{8.4 - 8.0}{5 - 3} = 0.2 \text{（万元／天）}$$

$$\Delta C_{3-5} = \frac{CC_{3-5} - CN_{3-5}}{DN_{3-5} - DC_{3-5}} = \frac{9.6 - 8.0}{6 - 4} = 0.8 \text{（万元／天）}$$

$$\Delta C_{4-5} = \frac{CC_{4-5} - CN_{4-5}}{DN_{4-5} - DC_{4-5}} = \frac{5.7 - 5.0}{2 - 1} = 0.7 \text{（万元／天）}$$

$$\Delta C_{4-6} = \frac{CC_{4-6} - CN_{4-6}}{DN_{4-6} - DC_{4-6}} = \frac{8.5 - 7.5}{6 - 4} = 0.5 \text{（万元／天）}$$

$$\Delta C_{5-6} = \frac{CC_{5-6} - CN_{5-6}}{DN_{5-6} - DC_{5-6}} = \frac{6.9 - 6.5}{4 - 2} = 0.2 \text{（万元／天）}$$

（3）计算工程总费用：

① 直接费总和：$C_d = 7.0 + 9.0 + 5.7 + 5.5 + 8.0 + 8.0 + 5.0 + 7.5 + 6.5 = 62.2$（万元）；

② 间接费总和：$C_i = 0.8 \times 19 = 15.2$（万元）；

③ 工程总费用：$C_t = C_d + C_i = 62.2 + 15.2 = 77.4$（万元）。

（4）通过压缩关键工作的持续时间进行费用优化（优化过程见表 3-10）：

1）第一次压缩：从图 3-42 可知，该网络计划中有两条关键线路，为了同时缩短两条关键线路的总持续时间，有以下四个压缩方案：

① 压缩工作 B，直接费用率为 1.0 万元／天；

② 压缩工作 E，直接费用率为 0.2 万元/天；

③ 同时压缩工作 H 和工作 I，组合直接费用率为：0.7＋0.5＝1.2(万元/天)；

④ 同时压缩工作 I 和工作 J，组合直接费用率为：0.5＋0.2＝0.7(万元/天)。

在上述压缩方案中，由于工作 E 的直接费用率最小，故应选择工作 E 作为压缩对象。工作 E 的直接费用率 0.2 万元/天，小于间接费用率 0.8 万元/天，说明压缩工作 E 可使工程总费用降低。将工作 E 的持续时间压缩至最短持续时间 3 天，利用标号法重新确定计算工期和关键线路，如图 3-43 所示。此时，关键工作 E 被压缩成非关键工作，故将其持续时间延长为 4 天，使成为关键工作。第一次压缩后的网络计划如图 3-44 所示。图中箭线上方括号内数字为工作的直接费用率。

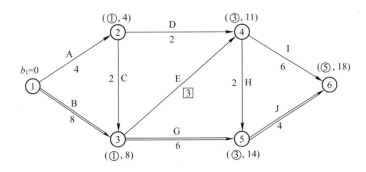

图 3-43 工作 E 压缩至最短时的关键线路

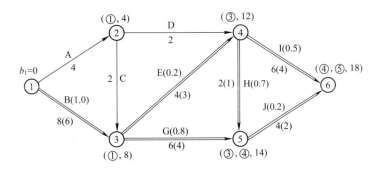

图 3-44 第一次压缩后的网络计划

2) 第二次压缩：从图 3-44 可知，该网络计划中有三条关键线路，即：①→③→④→⑥、①→③→④→⑤→⑥和①→③→⑤→⑥。为了同时缩短三条关键线路的总持续时间，有以下五个压缩方案：

① 压缩工作 B，直接费用率为 1.0 万元/天；

② 同时压缩工作 E 和工作 G，组合直接费用率为 0.2＋0.8＝1.0(万元/天)；

③ 同时压缩工作 E 和工作 J，组合直接费用率为：0.2＋0.2＝0.4(万元/天)；

④ 同时压缩工作 G、工作 H 和工作 I，组合直接费用率为：0.8＋0.7＋0.5＝2.0(万元/天)；

⑤ 同时压缩工作 I 和工作 J，组合直接费用率为：0.5＋0.2＝0.7(万元/天)。

在上述压缩方案中，由于工作 E 和工作 J 的组合直接费用率最小，故应选择工作 E

和工作 J 作为压缩对象。工作 E 和工作 J 的组合直接费用率 0.4 万元/天，小于间接费用率 0.8 万元/天，说明同时压缩工作 E 和工作 J 可使工程总费用降低。由于工作 E 的持续时间只能压缩 1 天，工作 J 的持续时间也只能随之压缩 1 天。工作 E 和工作 J 的持续时间同时压缩 1 天后，利用标号法重新确定计算工期和关键线路。此时，关键线路由压缩前的三条变为两条，即：①→③→④→⑥和①→③→⑤→⑥。原来的关键工作 H 未经压缩而被动地变成了非关键工作。第二次压缩后的网络计划如图 3-45 所示。此时，关键工作 E 的持续时间已达最短，不能再压缩，故其直接费用率变为无穷大。

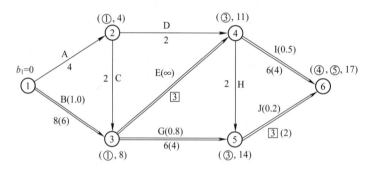

图 3-45　第二次压缩后的网络计划

3）第三次压缩：从图 3-45 可知，由于工作 E 不能再压缩，而为了同时缩短两条关键线路①→③→④→⑥和①→③→⑤→⑥的总持续时间，只有以下三个压缩方案：

① 压缩工作 B，直接费用率为 1.0 万元/天；

② 同时压缩工作 G 和工作 I，组合直接费用率为 0.8+0.5=1.3（万元/天）；

③ 同时压缩工作 I 和工作 J，组合直接费用率为：0.5+0.2=0.7（万元/天）。

在上述压缩方案中，由于工作 I 和工作 J 的组合直接费用率最小，故应选择工作 I 和工作 J 作为压缩对象。工作 I 和工作 J 的组合直接费用率 0.7 万元/天，小于间接费用率 0.8 万元/天，说明同时压缩工作 I 和工作 J 可使工程总费用降低。由于工作 J 的持续时间只能压缩 1 天，工作 I 的持续时间也只能随之压缩 1 天。工作 I 和工作 J 的持续时间同时压缩 1 天后，利用标号法重新确定计算工期和关键线路。此时，关键线路仍然为两条，即：①→③→④→⑥和①→③→⑤→⑥。第三次压缩后的网络计划如图 3-46 所示。此时，关键工作 J 的持续时间也已达最短，不能再压缩，故其直接费用率变为无穷大。

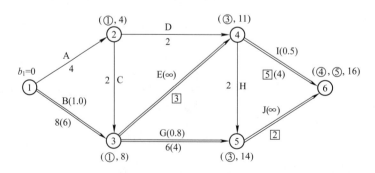

图 3-46　第三次压缩后的网络计划

4）第四次压缩：从图 3-46 可知，由于工作 E 和工作 J 不能再压缩，而为了同时缩短两条关键线路①→③→④→⑥和①→③→⑤→⑥的总持续时间，只有以下两个压缩方案：

① 压缩工作 B，直接费用率为 1.0 万元/天；

② 同时压缩工作 G 和工作 I，组合直接费用率为 0.8+0.5=1.3（万元/天）。

在上述压缩方案中，由于工作 B 的直接费用率最小，故应选择工作 B 作为压缩对象。但是，由于工作 B 的直接费用率 1.0 万元/天，大于间接费用率 0.8 万元/天，说明压缩工作 B 会使工程总费用增加。因此，不需要压缩工作 B，优化方案已得到，优化后的网络计划如图 3-47 所示。图中箭线上方括号内数字为工作的直接费。

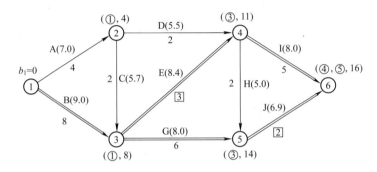

图 3-47　费用优化后的网络计划

（5）计算优化后的工程总费用：

① 直接费总和：$C_{d0}=7.0+9.0+5.7+5.5+8.4+8.0+5.0+8.0+6.9=63.5$（万元）；

② 间接费总和：$C_{i0}=0.8\times16=12.8$（万元）；

③ 工程总费用：$C_{t0}=C_{d0}+C_{i0}=63.5+12.8=76.3$（万元）。

优　化　表　　　　　　　　　　　　表 3-10

压缩次数	被压缩的工作代号	被压缩的工作名称	直接费用率或组合直接费用率（万元/天）	费率差（万元/天）	缩短时间	费用增加值（万元）	总工期（天）	总费用（万元）
0	—	—	—	—	—	—	19	77.4
1	3—4	E	0.2	−0.6	1	−0.6	18	76.8
2	3—4 5—6	E、J	0.4	−0.4	1	−0.4	17	76.4
3	4—6 5—6	I、J	0.7	−0.1	1	−0.1	16	76.3
4	1—3	B	1.0	+0.2	—	—	—	—

注：费率差是指工作的直接费用率与工程间接费用率之差。它表示工期缩短单位时间时工程总费用增加的数值。

三、资源优化

资源是指为完成一项计划任务所需投入的人力、材料、机械设备和资金等。完成一项工程任务所需要的资源量基本上是不变的，不可能通过资源优化将其减少。资源优化的目的是通过改变工作的开始时间和完成时间，使资源按照时间的分布符合优化目标。

在通常情况下，网络计划的资源优化分为两种，即"资源有限，工期最短"的优化和

"工期固定，资源均衡"的优化。前者是通过调整计划安排，在满足资源限制条件下，使工期延长最少的过程；而后者是通过调整计划安排，在工期保持不变的条件下，使资源需用量尽可能均衡的过程。

这里所讲的资源优化，其前提条件是：

1）在优化过程中，不改变网络计划中各项工作之间的逻辑关系；

2）在优化过程中，不改变网络计划中各项工作的持续时间；

3）网络计划中各项工作的资源强度（单位时间所需资源数量）为常数，而且是合理的；

4）除规定可中断的工作外，一般不允许中断工作，应保持其连续性。

为简化问题，这里假定网络计划中的所有工作需要同一种资源。

（一）"资源有限，工期最短"的优化

"资源有限，工期最短"的优化一般可按以下步骤进行：

（1）按照各项工作的最早开始时间安排进度计划，并计算网络计划每个时间单位的资源需用量。

（2）从计划开始日期起，逐个检查每个时段（每个时间单位资源需用量相同的时间段）的资源需用量是否超过所能供应的资源限量。如果在整个工期范围内每个时段的资源需用量均能满足资源限量的要求，则可行优化方案就编制完成。否则，必须转入下一步进行计划的调整。

（3）分析超过资源限量的时段。如果在该时段内有几项工作平行作业，则采取将一项工作安排在与之平行的另一项工作之后进行的方法，以降低该时段的资源需用量。

对于两项平行作业的工作 m 和工作 n 来说，为了降低相应时段的资源需用量，现将工作 n 安排在工作 m 之后进行，如图 3-48 所示。

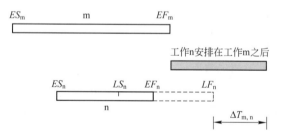

图 3-48   m，n 两项工作的排序

如果将工作 n 安排在工作 m 之后进行，网络计划的工期延长值为：

$$\Delta T_{m,n} = EF_m + D_n - LF_n$$
$$= EF_m - (LF_n - D_n)$$
$$= EF_m - LS_n \tag{3-46}$$

式中 $\Delta T_{m,n}$——将工作 n 安排在工作 m 之后进行时网络计划的工期延长值；

EF_m——工作 m 的最早完成时间；

D_n——工作 n 的持续时间；

LF_n——工作 n 的最迟完成时间；

LS_n——工作 n 的最迟开始时间。

这样，在有资源冲突的时段中，对平行作业的工作进行两两排序，即可得出若干个

$\Delta T_{m,n}$，选择其中最小的 $\Delta T_{m,n}$，将相应的工作 n 安排在工作 m 之后进行，既可降低该时段的资源需用量，又使网络计划的工期延长最短。

（4）对调整后的网络计划安排重新计算每个时间单位的资源需用量。

（5）重复上述（2）～（4），直至网络计划整个工期范围内每个时间单位的资源需用量均满足资源限量为止。

（二）"工期固定，资源均衡"的优化

安排建设工程进度计划时，需要使资源需用量尽可能地均衡，使整个工程每单位时间的资源需用量不出现过多的高峰和低谷，这样不仅有利于工程建设的组织与管理，而且可以降低工程费用。

"工期固定，资源均衡"的优化方法有多种，如方差值最小法、极差值最小法、削高峰法等。这里仅介绍方差值最小的优化方法。

1. 方差值最小法的基本原理

现假设已知某工程网络计划的资源需用量，则其方差为：

$$\sigma^2 = \frac{1}{T}\sum_{t=1}^{T}(R_t - R_m)^2 \tag{3-47}$$

式中　σ^2——资源需用量方差；

　　　T——网络计划的计算工期；

　　　R_t——第 t 个时间单位的资源需用量；

　　　R_m——资源需用量的平均值。

公式（3-47）可以简化为：

$$\begin{aligned}
\sigma^2 &= \frac{1}{T}\sum_{t=1}^{T}R_t^2 - 2R_m \cdot \frac{\sum_{t=1}^{T}R_t}{T} + \frac{1}{T}\sum_{t=1}^{T}R_m^2 \\
&= \frac{1}{T}\sum_{t=1}^{T}R_t^2 - 2R_m \cdot R_m + \frac{1}{T}\cdot T \cdot R_m^2 \\
&= \frac{1}{T}\sum_{t=1}^{T}R_t^2 - R_m^2
\end{aligned} \tag{3-48}$$

由公式（3-48）可知，由于工期 T 和资源需用量的平均值 R_m 均为常数，为使方差 σ^2 最小，必须使资源需用量的平方和最小。

对于网络计划中某项工作 k 而言，其资源强度为 r_k。在调整计划前，工作 k 从第 i 个时间单位开始，到第 j 个时间单位完成，则此时网络计划资源需用量的平方和为：

$$\sum_{t=1}^{T}R_t^2 = R_1^2 + R_2^2 + \cdots + R_i^2 + R_{i+1}^2 + \cdots + R_j^2 + R_{j+1}^2 + \cdots + R_T^2 \tag{3-49}$$

若将工作 k 的开始时间右移一个时间单位，即工作 k 从第 $i+1$ 个时间单位开始，到第 $j+1$ 个时间单位完成，则此时网络计划资源需用量的平方和为：

$$\sum_{t=1}^{T}R_t^2 = R_1^2 + R_2^2 + \cdots + (R_i - r_k)^2 + R_{i+1}^2 + \cdots + R_j^2 + (R_{j+1} + r_k)^2 + \cdots + R_T^2$$

$$\tag{3-50}$$

比较公式（3-50）和公式（3-49）可以得到，当工作 k 的开始时间右移一个时间单位时，网络计划资源需用量平方和的增量 Δ 为：

$$\Delta = (R_i - r_k)^2 - R_i{}^2 + (R_{j+1} + r_k)^2 - R_{j+1}{}^2$$

即：

$$\Delta = 2\,r_k(R_{j+1} + r_k - R_i) \tag{3-51}$$

如果资源需用量平方和的增量 Δ 为负值，说明工作 k 的开始时间右移一个时间单位能使资源需用量的平方和减小，也就使资源需用量的方差减小，从而使资源需用量更均衡。因此，工作 k 的开始时间能够右移的判别式是：

$$\Delta = 2\,r_k(R_{j+1} + r_k - R_i) \leqslant 0 \tag{3-52}$$

由于工作 k 的资源强度 r_k 不可能为负值，故判别式（3-52）可以简化为：

$$R_{j+1} + r_k - R_i \leqslant 0$$

即：

$$R_{j+1} + r_k \leqslant R_i \tag{3-53}$$

判别式（3-53）表明，当网络计划中工作 k 完成时间之后的一个时间单位所对应的资源需用量 R_{j+1} 与工作 k 的资源强度 r_k 之和不超过工作 k 开始时所对应的资源需用量 R_i 时，将工作 k 右移一个时间单位能使资源需用量更加均衡。这时，就应将工作 k 右移一个时间单位。

同理，如果判别式（3-54）成立，说明将工作 k 左移一个时间单位能使资源需用量更加均衡。这时，就应将工作 k 左移一个时间单位：

$$R_{i-1} + r_k \leqslant R_j \tag{3-54}$$

如果工作 k 不满足判别式（3-53）或判别式（3-54），说明工作 k 右移或左移一个时间单位不能使资源需用量更加均衡，这时可以考虑在其总时差允许的范围内，将工作 k 右移或左移数个时间单位。

向右移时，判别式为：

$$[(R_{j+1}+r_k)+(R_{j+2}+r_k)+(R_{j+3}+r_k)+\cdots] \leqslant [R_i+R_{i+1}+R_{i+2}+\cdots] \tag{3-55}$$

向左移时，判别式为：

$$[(R_{i-1}+r_k)+(R_{i-2}+r_k)+(R_{i-3}+r_k)+\cdots] \leqslant [R_j+R_{j-1}+R_{j-2}+\cdots] \tag{3-56}$$

2. 优化步骤

按方差值最小的优化原理，"工期固定，资源均衡"的优化一般可按以下步骤进行：

（1）按照各项工作的最早开始时间安排进度计划，并计算网络计划每个时间单位的资源需用量。

（2）从网络计划的终点节点开始，按工作完成节点编号值从大到小的顺序依次进行调整。当某一节点同时作为多项工作的完成节点时，应先调整开始时间较迟的工作。

在调整工作时，一项工作能够右移的条件是：

1）工作具有机动时间，在不影响工期的前提下能够右移；

2）工作满足判别式（3-53）或式（3-54），或者满足判别式（3-55）或式（3-56）。

只有同时满足以上两个条件，才能调整该工作，将其右移至相应位置。

（3）当所有工作均按上述顺序自右向左调整了一次之后，为使资源需用量更加均衡，再按上述顺序自右向左进行多次调整，直至所有工作不能右移为止。

第六节　单代号搭接网络计划和多级网络计划系统

一、单代号搭接网络计划

在前述双代号和单代号网络计划中，所表达的工作之间的逻辑关系是一种衔接关系，即只有当其紧前工作全部完成之后，本工作才能开始。紧前工作的完成为本工作的开始创造条件。但是在工程建设实践中，有许多工作的开始并不是以其紧前工作的完成为条件。只要其紧前工作开始一段时间后，即可进行本工作，而不需要等其紧前工作全部完成之后再开始。工作之间的这种关系我们称之为搭接关系。

如果用前述简单的网络图来表达工作之间的搭接关系，将使得网络计划变得更加复杂。为了简单、直接地表达工作之间的搭接关系，使网络计划的编制得到简化，便出现了搭接网络计划。搭接网络计划一般都采用单代号网络图的表示方法，即以节点表示工作，以节点之间的箭线表示工作之间的逻辑顺序和搭接关系。

（一）搭接关系的种类及表达方式

在搭接网络计划中，工作之间的搭接关系是由相邻两项工作之间的不同时距决定的。所谓时距，就是在搭接网络计划中相邻两项工作之间的时间差值。

1. 结束到开始（FTS）的搭接关系

从结束到开始的搭接关系如图 3-49 （a） 所示，这种搭接关系在网络计划中的表达方式如图 3-49 （b） 所示。

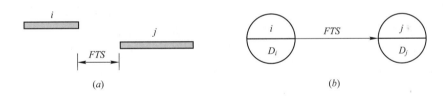

图 3-49　FTS 搭接关系及其在网络计划中的表达方式
（a）搭接关系；（b）网络计划中的表达方式

例如在修堤坝时，一定要等土堤自然沉降后才能修护坡，筑土堤与修护坡之间的等待时间就是 FTS 时距。

当 FTS 时距为零时，就说明本工作与其紧后工作之间紧密衔接。当网络计划中所有相邻工作只有 FTS 一种搭接关系且其时距均为零时，整个搭接网络计划就成为前述的单代号网络计划。

2. 开始到开始（STS）的搭接关系

从开始到开始的搭接关系如图 3-50 （a） 所示，这种搭接关系在网络计划中的表达方式如图 3-50 （b） 所示。

例如在道路工程中，当路基铺设工作开始一段时间为路面浇筑工作创造一定条件之后，路面浇筑工作即可开始，路基铺设工作的开始时间与路面浇筑工作的开始时间之间的差值就是 STS 时距。

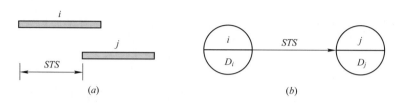

图 3-50 *STS* 搭接关系及其在网络计划中的表达方式

(*a*)搭接关系；(*b*)网络计划中的表达方式

3. 结束到结束（FTF）的搭接关系

从结束到结束的搭接关系如图 3-51 (*a*) 所示，这种搭接关系在网络计划中的表达方式如图 3-51 (*b*) 所示。

例如在前述道路工程中，如果路基铺设工作的进展速度小于路面浇筑工作的进展速度时，须考虑为路面浇筑工作留有充分的工作面。否则，路面浇筑工作就将因没有工作面而无法进行。路基铺设工作的完成时间与路面浇筑工作的完成时间之间的差值就是 *FTF* 时距。

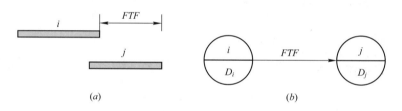

图 3-51 *FTF* 搭接关系及其在网络计划中的表达方式

(*a*) 搭接关系；(*b*) 网络计划中的表达方式

4. 开始到结束（STF）的搭接关系

从开始到结束的搭接关系如图 3-52 (*a*) 所示，这种搭接关系在网络计划中的表达方式如图 3-52 (*b*) 所示。

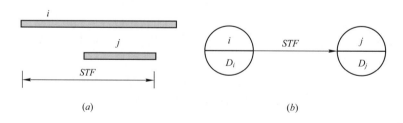

图 3-52 *STF* 搭接关系及其在网络计划中的表达方式

(*a*) 搭接关系；(*b*) 网络计划中的表达方式

5. 混合搭接关系

在搭接网络计划中，除上述四种基本搭接关系外，相邻两项工作之间有时还会同时出现两种以上的基本搭接关系。例如工作 *i* 和工作 *j* 之间可能同时存在 *STS* 时距和 *FTF* 时距，或同时存在 *STF* 时距和 *FTS* 时距等，其表达方式如图 3-53 和图 3-54 所示。

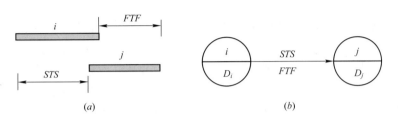

图 3-53 STS 和 FTF 混合搭接关系及其在网络计划中的表达方式
(a)混合搭接关系；(b)网络计划中的表达方式

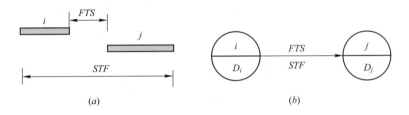

图 3-54 STF 和 FTS 混合搭接关系及其在网络计划中的表达方式
(a)混合搭接关系；(b)网络计划中的表达方式

（二）搭接网络计划示例

单代号搭接网络计划时间参数的计算与前述单代号网络计划和双代号网络计划时间参数的计算原理基本相同。现以图 3-55 所示单代号搭接网络计划为例，说明其计算方法。

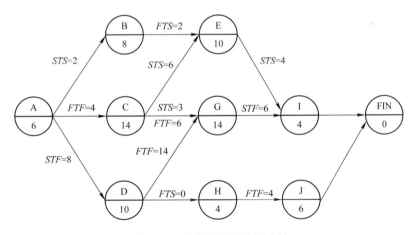

图 3-55 单代号搭接网络计划

1. 计算工作的最早开始时间和最早完成时间

工作最早开始时间和最早完成时间的计算应从网络计划的起点节点开始，顺着箭线方向依次进行。

（1）单代号搭接网络计划中的起点节点的最早开始时间为零，最早完成时间应等于其最早开始时间与持续时间之和。

（2）其他工作的最早开始时间和最早完成时间应根据时距进行计算。当某项工作的最早开始时间出现负值时，应将该工作与起点节点用虚箭线相连后，重新计算该工作的最早开始时间和最早完成时间。

由于在搭接网络计划中,决定工期的工作不一定是最后进行的工作,因此,在用上述方法完成终点节点的最早完成时间计算之后,还应检查网络计划中其他工作的最早完成时间是否超过已算出的计算工期。如果某项工作的最早完成时间超过终点节点的最早完成时间,应将该工作与终点节点用虚箭线相连,然后重新计算该网络计划的计算工期。

本例中各项工作最早开始时间和最早完成时间的计算结果如图 3-56 所示。

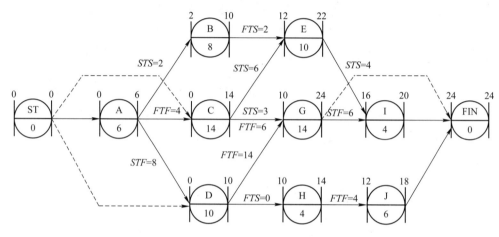

图 3-56　单代号搭接网络计划中工作 ES 和 EF 的计算结果

2. 计算相邻两项工作之间的时间间隔

由于相邻两项工作之间的搭接关系不同,其时间间隔的计算方法也有所不同。

(1)搭接关系为结束到开始(FTS)时的时间间隔。如果在搭接网络计划中出现 $ES_j > (EF_i + FTS_{i,j})$ 的情况时,就说明在工作 i 和工作 j 之间存在时间间隔 $LAG_{i,j}$,如图 3-57 所示。

由图 3-57 可得:

$$LAG_{i,j} = ES_j - (EF_i + FTS_{i,j}) = ES_j - EF_i - FTS_{i,j} \tag{3-57}$$

(2)搭接关系为开始到开始(STS)时的时间间隔。如果在搭接网络计划中出现 $ES_j > (ES_i + STS_{i,j})$ 的情况时,就说明在工作 i 和工作 j 之间存在时间间隔 $LAG_{i,j}$,如图 3-58 所示。

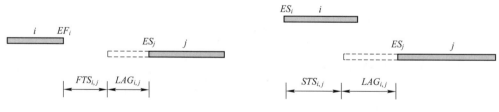

图 3-57　时距为 FTS 时的时间间隔　　　　图 3-58　时距为 STS 时的时间间隔

由图 3-58 可得:

$$LAG_{i,j} = ES_j - (ES_i + STS_{i,j}) = ES_j - ES_i - STS_{i,j} \tag{3-58}$$

(3)搭接关系为结束到结束(FTF)时的时间间隔。如果在搭接网络计划中出现

$EF_j > (EF_i + FTF_{i,j})$ 的情况时，就说明在工作 i 和工作 j 之间存在时间间隔 $LAG_{i,j}$，如图 3-59 所示。

由图 3-59 可得：

$$LAG_{i,j} = EF_j - (EF_i + FTF_{i,j}) = EF_j - EF_i - FTF_{i,j} \tag{3-59}$$

（4）搭接关系为开始到结束（STF）时的时间间隔。如果在搭接网络计划中出现 $EF_j > (ES_i + STF_{i,j})$ 的情况时，就说明在工作 i 和工作 j 之间存在时间间隔 $LAG_{i,j}$，如图 3-60 所示。

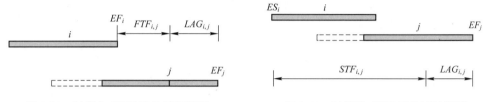

图 3-59 时距为 FTF 时的时间间隔   图 3-60 时距为 STF 时的时间间隔

由图 3-60 可得：

$$LAG_{i,j} = EF_j - (ES_i + STF_{i,j}) = EF_j - ES_i - STF_{i,j} \tag{3-60}$$

（5）混合搭接关系时的时间间隔。当相邻两项工作之间存在两种时距及以上的搭接关系时，应分别计算出时间间隔，然后取其中的最小值。

3. 计算工作的时差

搭接网络计划同前述简单的网络计划一样，其工作的时差也有总时差和自由时差两种。

（1）工作的总时差。搭接网络计划中工作的总时差可以利用公式（3-30）和公式（3-31）计算。但在计算出总时差后，需要根据公式（3-34）判别该工作的最迟完成时间是否超出计划工期。如果某工作的最迟完成时间超出计划工期，应将该工作与终点节点用虚箭线相连后，再计算其总时差。

（2）工作的自由时差。搭接网络计划中工作的自由时差可以利用公式（3-32）和公式（3-33）计算。

4. 计算工作的最迟完成时间和最迟开始时间

工作的最迟完成时间和最迟开始时间可以利用公式（3-34）和公式（3-35）计算。

5. 确定关键线路

同前述简单的单代号网络计划一样，可以利用相邻两项工作之间的时间间隔来判定关键线路。即从搭接网络计划的终点节点开始，逆着箭线方向依次找出相邻两项工作之间时间间隔为零的线路就是关键线路。关键线路上的工作即为关键工作，关键工作的总时差最小。

本例计算结果如图 3-61 所示，线路 S→D→G→F 为关键线路。关键工作是工作 D 和工作 G，而工作 S 和工作 F 为虚拟工作，其总时差均为零。

二、多级网络计划系统

对于大型建设工程来说，如果用横道图表示其进度计划，往往不能反映复杂工程中各项工作之间的逻辑关系，而且也无法利用计算机进行计划的优化和调整；即使用一个网络图来表示其进度计划，也很难将大型复杂工程中的所有工作内容表达出来。利用若干个相互独立的单位工程网络计划或分部分项工程网络计划，也不能系统地表达出整个建设工程

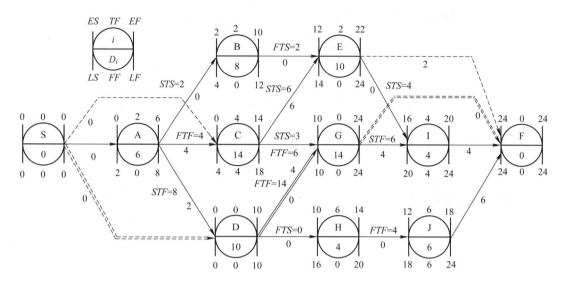

图 3-61 单代号搭接网络计划时间参数的计算结果

中各项工作之间的相互衔接和制约关系。这样,既不便于在计划编制过程中解决整个建设工程进度的总体平衡问题,也不便于在计划实施过程中解决整个建设工程进度的总体协调问题。为了有效地控制大型复杂建设工程进度,有必要编制多级网络计划系统。

多级网络计划系统是指由处于不同层级且相互有关联的若干网络计划所组成的系统。在该系统中,处于不同层级的网络计划既可以进行分解,成为若干独立的网络计划;也可以进行综合,形成一个多级网络计划系统。

例如在图 3-62 所示某地铁工程施工进度多级网络计划系统中,区间隧道施工进度网络计划、车站施工进度网络计划和车辆段施工进度网络计划等是整个地铁工程施工总进度网络计划的子网络,而各个区间隧道、各个车站的施工进度网络计划又分别是区间隧道施工进度网络计划和车站施工进度网络计划的子网络······这些网络计划既可以分解成独立的网络计划,又可以综合成一个多级网络计划系统。

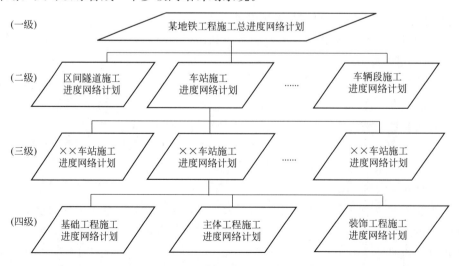

图 3-62 某地铁工程施工进度多级网络计划系统

（一）多级网络计划系统的特点

多级网络计划系统除具有一般网络计划的功能和特点以外，还有以下特点：

（1）多级网络计划系统应分阶段逐步深化，其编制过程是一个由浅入深、从顶层到底层、由粗到细的过程，并且贯穿在该实施计划系统的始终。例如：如果多级网络计划系统是针对工程项目建设总进度计划而言的，由于工程设计及施工尚未开始，许多子项目还未形成，这时不可能编制出某个子项目在施工阶段的实施性进度计划。即使是针对施工总进度计划的多级网络计划系统，在编制施工总进度计划时，也不可能同时编制单位工程或分部分项工程详细的实施计划。

（2）多级网络计划系统中的层级与建设工程规模、复杂程度及进度控制的需要有关。对于一个规模巨大、工艺技术复杂的建设工程，不可能仅用一个总进度计划来实施进度控制，需要进度控制人员根据建设工程的组成分级编制进度计划，并经综合后形成多级网络计划系统。一般地，建设工程规模越大，其分解的层次越多，需要编制的进度计划（子网络）也就越多。例如在图 3-62 所示的某地铁工程施工进度多级网络计划系统中，根据地铁工程的组成结构，分四个层级编制网络计划。对于大型建设工程项目，从建设总体部署到分部分项工程施工，通常可分为五、六个层级编制不同的网络计划。

（3）在多级网络计划系统中，不同层级的网络计划，应该由不同层级的进度控制人员编制。总体网络计划由决策层人员编制，局部网络计划由管理层人员编制，而细部网络计划则由作业层管理人员编制。局部网络计划需要在总体网络计划的基础上编制，而细部网络计划需要在局部网络计划的基础上编制。反过来，又以细部保局部，以局部保全局。

（4）多级网络计划系统可以随时进行分解和综合。既可以将其分解成若干个独立的网络计划，又可在需要时将这些相互有关联的独立网络计划综合成一个多级网络计划系统。例如在图 3-62 所示的某地铁工程施工进度多级网络计划系统中，建设单位可将各个车站的施工任务分别发包给不同施工单位。在各施工合同中明确各个车站开竣工日期的前提下，各施工单位可在合同规定的工期范围内，根据自身的施工力量和条件自由安排网络计划。只有在需要时，才将各个子网络计划进行综合，形成多级网络计划系统。

（二）多级网络计划系统的编制原则和方法

1. 编制原则

根据多级网络计划系统的特点，编制时应遵循以下原则：

（1）整体优化原则。编制多级网络计划系统，必须从建设工程整体角度出发，进行全面分析，统筹安排。有些计划安排从局部看是合理的，但在整体上并不一定合理。因此，必须先编制总体进度计划后编制局部进度计划，以局部计划来保证总体优化目标的实现。

（2）连续均衡原则。编制多级网络计划系统，要保证实施建设工程所需资源的连续性和资源需用量的均衡性。事实上，这也是一种优化。资源能够连续均衡地使用，可以降低工程建设成本。

（3）简明适用原则。过分庞大的网络计划不利于识图，也不便于使用。应根据建设工程实际情况，按不同的管理层级和管理范围分别编制简明适用的网络计划。

2. 编制方法

多级网络计划系统的编制必须采用自顶向下、分级编制的方法。

（1）"自顶向下"是指编制多级网络计划系统时，应首先编制总体网络计划，然后在此基础上编制局部网络计划，最后在局部网络计划的基础上编制细部网络计划。

（2）分级的多少应视工程规模、复杂程度及组织管理的需要而定，可以是二级、三级，也可以是四级、五级。必要时还可以再分级。

（3）分级编制网络计划应与科学编码相结合，以便于利用计算机进行绘图、计算和管理。

3. 图示模型

多级网络计划系统的图示模型如图 3-63 所示，该系统含有二级网络计划。这些网络计划既相互独立，又存在关联。既可以分解成一个个独立的网络计划，又可以综合成一个多级网络计划系统。

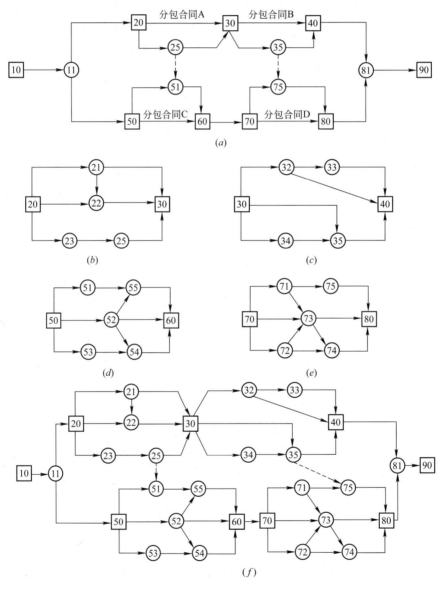

图 3-63 多级网络计划系统图示模型

（a）总体网络计划；（b）子网络计划 A；（c）子网络计划 B；

（d）子网络计划 C；（e）子网络计划 D；（f）综合网络计划

思 考 题

1. 何谓网络图？何谓工作？工作和虚工作有何不同？

2. 何谓工艺关系和组织关系？试举例说明。

3. 简述网络图的绘制规则。

4. 何谓工作的总时差和自由时差？关键线路和关键工作的确定方法有哪些？

5. 双代号时标网络计划的特点有哪些？

6. 工期优化和费用优化的区别是什么？

7. 在费用优化过程中，如果拟缩短持续时间的关键工作（或关键工作组合）的直接费用率（或组合直接费用率）大于工程间接费用率时，即可判定此时已达优化点，为什么？

8. 何谓资源优化？在"资源有限，工期最短"的优化中，当工期增量 ΔT 为负值时，说明什么？

9. 何谓搭接网络计划？试举例说明工作之间的各种搭接关系。

10. 多级网络计划系统的特点和编制原则是什么？

练 习 题

1. 已知工作之间的逻辑关系如下列各表所示，试分别绘制双代号网络图和单代号网络图。

（1）

工作	A	B	C	D	E	G	H
紧前工作	C、D	E、H	—	—	—	D、H	—

（2）

工作	A	B	C	D	E	G
紧前工作	—	—	—	—	B、C、D	A、B、C

（3）

工作	A	B	C	D	E	G	H	I	J
紧前工作	E	H、A	J、G	H、I、A	—	H、A	—	—	E

2. 某网络计划的有关资料如下表所示，试绘制双代号网络计划，并在图中标出各项工作的六个时间参数。最后，用双箭线标明关键线路。

工作	A	B	C	D	E	F	G	H	I	J	K
持续时间	22	10	13	8	15	17	15	6	11	12	20
紧前工作	—	—	B、E	A、C、H	—	B、E	E	F、G	F、G	A、C、I、H	F、G

3. 某网络计划的有关资料如下表所示，试绘制双代号网络计划，在图中标出各个节点的最早时间和最迟时间，并据此判定各项工作的六个主要时间参数。最后，用双箭线标明关键线路。

工作	A	B	C	D	E	G	H	I	J	K
持续时间	2	3	4	5	6	3	4	7	2	3
紧前工作	—	A	A	A	B	C、D	D	B	E、H、G	G

4. 某网络计划的有关资料如下表所示，试绘制单代号网络计划，并在图中标出各项工作的六个时间参数及相邻两项工作之间的时间间隔。最后，用双箭线标明关键线路。

工作	A	B	C	D	E	G
持续时间	12	10	5	7	6	4
紧前工作	—	—	—	B	B	C、D

5. 某网络计划的有关资料如下表所示，试绘制双代号时标网络计划，并判定各项工作的六个时间参数和关键线路。

工作	A	B	C	D	E	G	H	I	J	K
持续时间	2	3	5	2	3	3	2	3	6	2
紧前工作	—	A	A	B	B	D	G	E、G	C、E、G	H、I

6. 已知网络计划如下图所示，箭线下方括号外数字为工作的正常持续时间，括号内数字为工作的最短持续时间；箭线上方括号内数字为优选系数。要求工期为12，试对其进行工期优化。

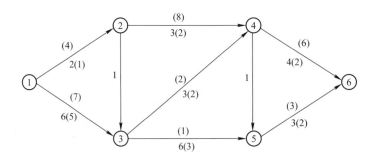

7. 已知网络计划如下图所示，箭线下方括号外数字为工作的正常持续时间，括号内数字为工作的最短持续时间；箭线上方括号外数字为正常持续时间时的直接费，括号内数字为最短持续时间时的直接费。费用单位为千元，时间单位为天。如果工程间接费率为

0.8 千元/天，则最低工程费用时的工期为多少天？

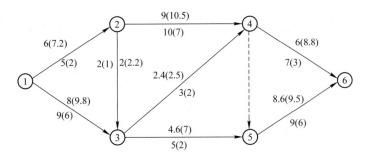

8. 试确定下图所示单代号搭接网络计划的计算工期和关键线路。

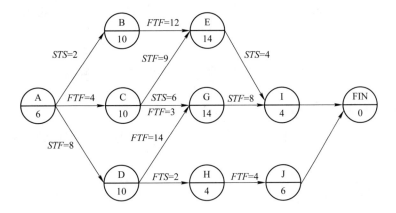

第四章　建设工程进度计划实施中的监测与调整

确定建设工程进度目标，编制一个科学、合理的进度计划是监理工程师实现进度控制的首要前提。但是在工程项目的实施过程中，由于外部环境和条件的变化，进度计划的编制者很难事先对项目在实施过程中可能出现的问题进行全面的估计。气候的变化、不可预见事件的发生及其他条件的变化均会对工程进度计划的实施产生影响，从而造成实际进度偏离计划进度，如果实际进度与计划进度的偏差得不到及时纠正，势必影响进度总目标的实现。为此，在进度计划的执行过程中，必须采取有效的监测手段对进度计划的实施过程进行监控，以便及时发现问题，并运用行之有效的进度调整方法来解决问题。

第一节　实际进度监测与调整的系统过程

一、进度监测的系统过程

在建设工程实施过程中，监理工程师应经常地、定期地对进度计划的执行情况进行跟踪检查，发现问题后，及时采取措施加以解决。进度监测系统过程如图 4-1 所示。

（一）进度计划执行中的跟踪检查

对进度计划的执行情况进行跟踪检查是计划执行信息的主要来源，是进度分析和调整的依据，也是进度控制的关键步骤。跟踪检查的主要工作是定期收集反映工程实际进度的有关数据，收集的数据应当全面、真实、可靠，不完整或不正确的进度数据将导致判断不准确或决策失误。为了全面、准确地掌握进度计划的执行情况，监理工程师应认真做好以下三方面的工作：

1. 定期收集进度报表资料

进度报表是反映工程实际进度的主要方式之一。进度计划执行单位应按照进度监理制度规定的时间和报表内容，定期填写进度报表。监理工程师通过收集进度报表资料掌握工程实际进展情况。

2. 现场实地检查工程进展情况

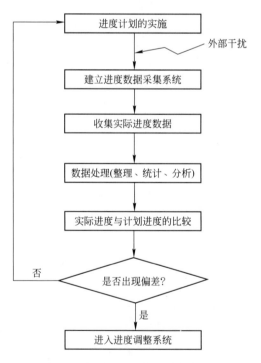

图 4-1　建设工程进度监测系统过程

派监理人员常驻现场，随时检查进度计划的实际执行情况，这样可以加强进度监测工作，掌握工程实际进度的第一手资料，使获取的数据更加及时、准确。

3. 定期召开现场会议

定期召开现场会议，监理工程师通过与进度计划执行单位的有关人员面对面的交谈，既可以了解工程实际进度状况，同时也可以协调有关方面的进度关系。

一般说来，进度控制的效果与收集数据资料的时间间隔有关。究竟多长时间进行一次进度检查，这是监理工程师应当确定的问题。如果不经常地、定期地收集实际进度数据，就难以有效地控制实际进度。进度检查的时间间隔与工程项目的类型、规模、监理对象及有关条件等多方面因素相关，可视工程的具体情况，每月、每半月或每周进行一次检查。特殊情况下，甚至需要每日进行一次进度检查。

（二）实际进度数据的加工处理

为了进行实际进度与计划进度的比较，必须对收集到的实际进度数据进行加工处理，形成与计划进度具有可比性的数据。例如，对检查时段实际完成工作量的进度数据进行整理、统计和分析，确定本期累计完成的工作量、本期已完成的工作量占计划总工作量的百分比等。

（三）实际进度与计划进度的对比分析

将实际进度数据与计划进度数据进行比较，可以确定建设工程实际执行状况与计划目标之间的差距。为了直观反映实际进度偏差，通常采用表格或图形进行实际进度与计划进度的对比分析，从而得出实际进度比计划进度超前、滞后还是一致的结论。

二、进度调整的系统过程

在建设工程实施进度监测过程中，一旦发现实际进度偏离计划进度，即出现进度偏差时，必须认真分析产生偏差的原因及其对后续工作和总工期的影响，必要时采取合理、有效的进度计划调整措施，确保进度总目标的实现。进度调整的系统过程如图 4-2 所示。

（一）分析进度偏差产生的原因

通过实际进度与计划进度的比较，发现进度偏差时，为了采取有效措施调整进度计划，必须深入现场进行调查，分析产生进度偏差的原因。

（二）分析进度偏差对后续工作和总工期的影响

当查明进度偏差产生的原因之后，要分析进度偏差对后续工作和总工期的影响程度，以确定是否应采取措施调整进度计划。

（三）确定后续工作和总工期的限制条件

当出现的进度偏差影响到后续工作或总工期而需要采取进度调整措施时，应当首先确定可调整进度的范围，主要指关键节点、后续工作的限制条件以及总工期允许变化的范围。这些限制条件往往与合同条件有关，需要认真分析后确定。

（四）采取措施调整进度计划

采取进度调整措施，应以后续工作和总工期的限制条件为依据，确保要求的进度目标得到实现。

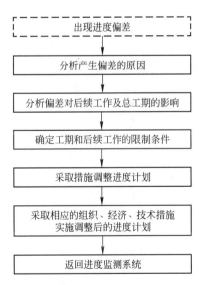

图 4-2　建设工程进度调整系统过程

(五) 实施调整后的进度计划

进度计划调整之后，应采取相应的组织、经济、技术措施执行它，并继续监测其执行情况。

第二节　实际进度与计划进度的比较方法

实际进度与计划进度的比较是建设工程进度监测的主要环节。常用的进度比较方法有横道图、S曲线、香蕉曲线、前锋线和列表比较法。

一、横道图比较法

横道图比较法是指将项目实施过程中检查实际进度收集到的数据，经加工整理后直接用横道线平行绘于原计划的横道线处，进行实际进度与计划进度的比较方法。采用横道图比较法，可以形象、直观地反映实际进度与计划进度的比较情况。

例如某工程项目基础工程的计划进度和截止到第9周末的实际进度如图4-3所示，其中双线条表示该工程计划进度，粗实线表示实际进度。从图中实际进度与计划进度的比较可以看出，到第9周末进行实际进度检查时，挖土方和做垫层两项工作已经完成；支模板按计划也应该完成，但实际只完成75%，任务量拖欠25%；绑扎钢筋按计划应该完成60%，而实际只完成20%，任务量拖欠40%。

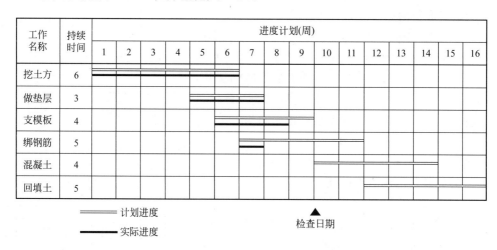

图4-3　某基础工程实际进度与计划进度比较图

根据各项工作的进度偏差，进度控制者可以采取相应的纠偏措施对进度计划进行调整，以确保该工程按期完成。

图4-3所表达的比较方法仅适用于工程项目中的各项工作都是均匀进展的情况，即每项工作在单位时间内完成的任务量都相等的情况。事实上，工程项目中各项工作的进展不一定是匀速的。根据工程项目中各项工作的进展是否匀速，可分别采用以下两种方法进行实际进度与计划进度的比较。

(一) 匀速进展横道图比较法

匀速进展是指在工程项目中，每项工作在单位时间内完成的任务量都是相等的，即工作的进展速度是均匀的。此时，每项工作累计完成的任务量与时间呈线性关系，如图4-4

所示。完成的任务量可以用实物工程量、劳动消耗量或费用支出表示。为了便于比较，通常用上述物理量的百分比表示。

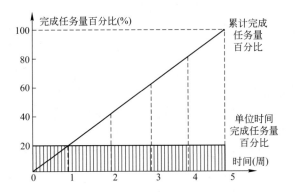

图 4-4　工作匀速进展时任务量与时间关系曲线

采用匀速进展横道图比较法时，其步骤如下：

（1）编制横道图进度计划；

（2）在进度计划上标出检查日期；

（3）将检查收集到的实际进度数据经加工整理后按比例用涂黑的粗线标于计划进度的下方，如图 4-5 所示；

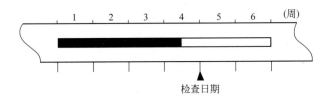

图 4-5　匀速进展横道图比较图

（4）对比分析实际进度与计划进度：

1）如果涂黑的粗线右端落在检查日期左侧，表明实际进度拖后；

2）如果涂黑的粗线右端落在检查日期右侧，表明实际进度超前；

3）如果涂黑的粗线右端与检查日期重合，表明实际进度与计划进度一致。

必须指出，该方法仅适用于工作从开始到结束的整个过程中，其进展速度均为固定不变的情况。如果工作的进展速度是变化的，则不能采用这种方法进行实际进度与计划进度的比较；否则，会得出错误的结论。

（二）非匀速进展横道图比较法

当工作在不同单位时间里的进展速度不相等时，累计完成的任务量与时间的关系就不可能是线性关系。此时，应采用非匀速进展横道图比较法进行工作实际进度与计划进度的比较。非匀速进展横道图比较法在用涂黑粗线表示工作实际进度的同时，还要标出其对应时刻完成任务量的累计百分比，并将该百分比与其同时刻计划完成任务量的累计百分比相比较，判断工作实际进度与计划进度之间的关系。

采用非匀速进展横道图比较法时，其步骤如下：

（1）编制横道图进度计划；

（2）在横道线上方标出各主要时间工作的计划完成任务量累计百分比；

（3）在横道线下方标出相应时间工作的实际完成任务量累计百分比；

（4）用涂黑粗线标出工作的实际进度，从开始之日标起，同时反映出该工作在实施过程中的连续与间断情况；

（5）通过比较同一时刻实际完成任务量累计百分比和计划完成任务量累计百分比，判断工作实际进度与计划进度之间的关系：

1）如果同一时刻横道线上方累计百分比大于横道线下方累计百分比，表明实际进度拖后，拖欠的任务量为二者之差；

2）如果同一时刻横道线上方累计百分比小于横道线下方累计百分比，表明实际进度超前，超前的任务量为二者之差；

3）如果同一时刻横道线上下方两个累计百分比相等，表明实际进度与计划进度一致。

可以看出，由于工作进展速度是变化的，因此，在图中的横道线，无论是计划的还是实际的，只能表示工作的开始时间、完成时间和持续时间，并不表示计划完成的任务量和实际完成的任务量。此外，采用非匀速进展横道图比较法，不仅可以进行某一时刻（如检查日期）实际进度与计划进度的比较，而且还能进行某一时间段实际进度与计划进度的比较。当然，这需要实施部门按规定的时间记录当时的任务完成情况。

【例 4-1】 某工程项目中的基槽开挖工作按施工进度计划安排需要 7 周完成，每周计划完成的任务量百分比如图 4-6 所示。编制横道图进度计划，比较实际进度与计划进度。

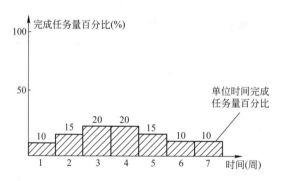

图4-6 基槽开挖工作进展时间与完成任务量关系图

【解】 （1）编制横道图进度计划，如图 4-7 所示；

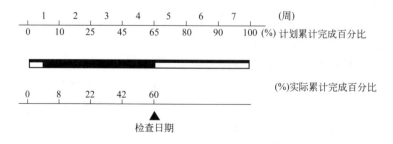

图 4-7 非匀速进展横道图比较图

（2）在横道线上方标出基槽开挖工作每周计划累计完成任务量的百分比，分别为10%、25%、45%、65%、80%、90%和100%；

（3）在横道线下方标出第1周至检查日期（第4周）每周实际累计完成任务量的百分比，分别为8%、22%、42%、60%；

（4）用涂黑粗线标出实际投入的时间。图4-7表明，该工作实际开始时间晚于计划开始时间，在开始后连续工作，没有中断；

（5）比较实际进度与计划进度。从图4-7中可以看出，该工作在第一周实际进度比计划进度拖后2%，以后各周末累计拖后分别为3%、3%和5%。

横道图比较法虽有记录比较简单、形象直观、易于掌握、使用方便等优点，但由于其以横道计划为基础，因而带有不可克服的局限性。在横道计划中，各项工作之间的逻辑关系表达不明确，关键工作和关键线路无法确定。一旦某些工作实际进度出现偏差时，难以预测其对后续工作和工程总工期的影响，也就难以确定相应的进度计划调整方法。因此，横道图比较法主要用于工程项目中某些工作实际进度与计划进度的比较。

二、S曲线比较法

S曲线比较法是以横坐标表示时间，纵坐标表示累计完成任务量，绘制一条按计划时间累计完成任务量的S曲线。然后将工程项目实施过程中各检查时间实际累计完成任务量的S曲线也绘制在同一坐标系中，进行实际进度与计划进度比较的一种方法。

从整个工程项目实际进展全过程看，单位时间投入的资源量一般是开始和结束时较少，中间阶段较多。与其相对应，单位时间完成的任务量也呈同样的变化规律，如图4-8（a）所示。而随工程进展累计完成的任务量则应呈S形变化，如图4-8（b）所示。由于其形似英文字母"S"，S曲线因此而得名。

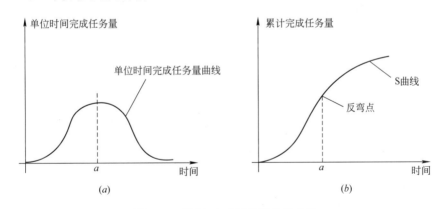

图4-8 时间与完成任务量关系曲线

（一）S曲线的绘制方法

下面以一简例说明S曲线的绘制方法。

【例4-2】 某混凝土工程的浇筑总量为2000m³，按照施工方案，计划9个月完成，每月计划完成的混凝土浇筑量如图4-9所示，试绘制该混凝土工程的计划S曲线。

【解】 根据已知条件：

（1）确定单位时间计划完成任务量。在本例中，将每月计划完成混凝土浇筑量列于表4-1中；

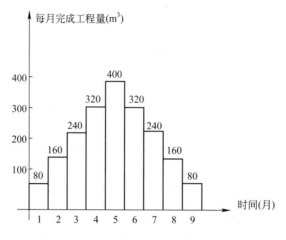

图 4-9　每月完成工程量图

完成工程量汇总表　　　　　　　　　　表 4-1

时间(月)	1	2	3	4	5	6	7	8	9
每月完成量(m³)	80	160	240	320	400	320	240	160	80
累计完成量(m³)	80	240	480	800	1200	1520	1760	1920	2000

（2）计算不同时间累计完成任务量。在本例中，依次计算每月计划累计完成的混凝土浇筑量，结果列于表 4-1 中；

（3）根据累计完成任务量绘制 S 曲线。在本例中，根据每月计划累计完成混凝土浇筑量而绘制的 S 曲线如图 4-10 所示。

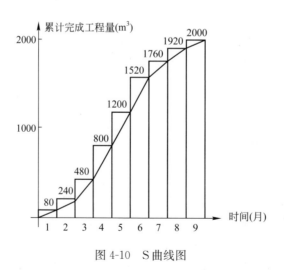

图 4-10　S 曲线图

（二）实际进度与计划进度的比较

同横道图比较法一样，S 曲线比较法也是在图上进行工程项目实际进度与计划进度的直观比较。在工程项目实施过程中，按照规定时间将检查收集到的实际累计完成任务量绘制在原计划 S 曲线图上，即可得到实际进度 S 曲线，如图 4-11 所示。通过比较实际进度

S曲线和计划进度S曲线，可以获得如下信息：

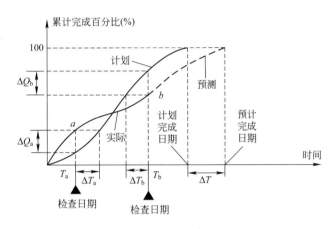

图 4-11 S曲线比较图

（1）工程项目实际进展状况：如果工程实际进展点落在计划S曲线左侧，表明此时实际进度比计划进度超前，如图4-11中的 a 点；如果工程实际进展点落在S计划曲线右侧，表明此时实际进度拖后，如图4-11中的 b 点；如果工程实际进展点正好落在计划S曲线上，则表示此时实际进度与计划进度一致。

（2）工程项目实际进度超前或拖后的时间在S曲线比较图中可以直接读出实际进度比计划进度超前或拖后的时间。如图4-11所示，ΔT_a 表示 T_a 时刻实际进度超前的时间；ΔT_b 表示 T_b 时刻实际进度拖后的时间。

（3）工程项目实际超额或拖欠的任务量在S曲线比较图中也可直接读出实际进度比计划进度超额或拖欠的任务量。如图4-11所示，ΔQ_a 表示 T_a 时刻超额完成的任务量，ΔQ_b 表示 T_b 时刻拖欠的任务量。

（4）后期工程进度预测。如果后期工程按原计划速度进行，则可做出后期工程计划S曲线如图4-11中虚线所示，从而可以确定工期拖延预测值 ΔT。

三、香蕉曲线比较法

香蕉曲线是由两条S曲线组合而成的闭合曲线。由S曲线比较法可知，工程项目累计完成的任务量与计划时间的关系，可以用一条S曲线表示。对于一个工程项目的网络计划来说，如果以其中各项工作的最早开始时间安排进度而绘制S曲线，称为ES曲线；如果以其中各项工作的最迟开始时间安排进度而绘制S曲线，称为LS曲线。两条S曲线具有相同的起点和终点，因此，两条曲线是闭合的。在一般情况下，ES曲线上的其余各点均落在LS曲线的相应点的左侧。由于该闭合曲线形似"香蕉"，故称为香蕉曲线，如图4-12所示。

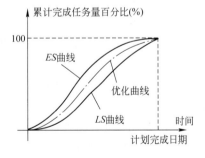

图 4-12 香蕉曲线比较图

（一）香蕉曲线比较法的作用

香蕉曲线比较法能直观地反映工程项目的实际进展情况，并可以获得比S曲线更多的信息。其主要作用有：

1. 合理安排工程项目进度计划

如果工程项目中的各项工作均按其最早开始时间安排进度，将导致项目的投资加大；而如果各项工作都按其最迟开始时间安排进度，则一旦受到进度影响因素的干扰，又将导致工期拖延，使工程进度风险加大。因此，一个科学合理的进度计划优化曲线应处于香蕉曲线所包络的区域之内，如图 4-12 中的点划线所示。

2. 定期比较工程项目的实际进度与计划进度

在工程项目的实施过程中，根据每次检查收集到的实际完成任务量，绘制出实际进度 S 曲线，便可以与计划进度进行比较。工程项目实施进度的理想状态是任一时刻工程实际进展点应落在香蕉曲线图的范围之内。如果工程实际进展点落在 ES 曲线的左侧，表明此刻实际进度比各项工作按其最早开始时间安排的计划进度超前；如果工程实际进展点落在 LS 曲线的右侧，则表明此刻实际进度比各项工作按其最迟开始时间安排的计划进度拖后。

3. 预测后期工程进展趋势

利用香蕉曲线可以对后期工程的进展情况进行预测。例如在图 4-13 中，该工程项目在检查日实际进度超前。检查日期之后的后期工程进度安排如图中虚线所示，预计该工程项目将提前完成。

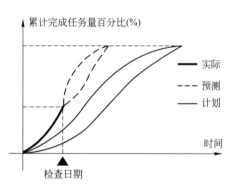

图 4-13　工程进展趋势预测图

（二）香蕉曲线的绘制方法

香蕉曲线的绘制方法与 S 曲线的绘制方法基本相同，所不同之处在于香蕉曲线是以工作按最早开始时间安排进度和按最迟开始时间安排进度分别绘制的两条 S 曲线组合而成。其绘制步骤如下：

（1）以工程项目的网络计划为基础，计算各项工作的最早开始时间和最迟开始时间。

（2）确定各项工作在各单位时间的计划完成任务量，分别按以下两种情况考虑。

1）根据各项工作按最早开始时间安排的进度计划，确定各项工作在各单位时间的计划完成任务量。

2）根据各项工作按最迟开始时间安排的进度计划，确定各项工作在各单位时间的计划完成任务量。

（3）计算工程项目总任务量，即对所有工作在各单位时间计划完成的任务量累加求和。

（4）分别根据各项工作按最早开始时间、最迟开始时间安排的进度计划，确定工程项目在各单位时间计划完成的任务量，即将各项工作在某一单位时间内计划完成的任务量求和。

（5）分别根据各项工作按最早开始时间、最迟开始时间安排的进度计划，确定不同时间累计完成的任务量或任务量的百分比。

（6）绘制香蕉曲线。分别根据各项工作按最早开始时间、最迟开始时间安排的进度计划而确定的累计完成任务量或任务量的百分比描绘各点，并连接各点得到 ES 曲线和 LS 曲线，由 ES 曲线和 LS 曲线组成香蕉曲线。

在工程项目实施过程中，根据检查得到的实际累计完成任务量，按同样的方法在原计

划香蕉曲线图上绘出实际进度曲线，便可以进行实际进度与计划进度的比较。

【例 4-3】 某工程项目网络计划如图 4-14 所示，图中箭线上方括号内数字表示各项工作计划完成的任务量，以劳动消耗量表示；箭线下方数字表示各项工作的持续时间（周）。试绘制香蕉曲线。

【解】 假设各项工作均为匀速进展，即各项工作每周的劳动消耗量相等。

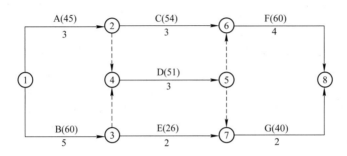

图 4-14 某工程项目网络计划

（1）确定各项工作每周的劳动消耗量：

工作 A：$45 \div 3 = 15$　　　　工作 B：$60 \div 5 = 12$

工作 C：$54 \div 3 = 18$　　　　工作 D：$51 \div 3 = 17$

工作 E：$26 \div 2 = 13$　　　　工作 F：$60 \div 4 = 15$

工作 J：$40 \div 2 = 20$

（2）计算工程项目劳动消耗总量 Q：

$$Q = 45 + 60 + 54 + 51 + 26 + 60 + 40 = 336$$

（3）根据各项工作按最早开始时间安排的进度计划，确定工程项目每周计划劳动消耗量及各周累计劳动消耗量，如图 4-15 所示。

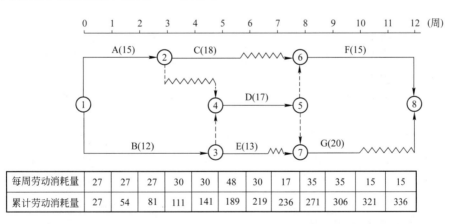

每周劳动消耗量	27	27	27	30	30	48	30	17	35	35	15	15
累计劳动消耗量	27	54	81	111	141	189	219	236	271	306	321	336

图 4-15 按工作最早开始时间安排的进度计划及劳动消耗量

（4）根据各项工作按最迟开始时间安排的进度计划，确定工程项目每周计划劳动消耗量及各周累计劳动消耗量，如图 4-16 所示。

（5）根据不同的累计劳动消耗量分别绘制 ES 曲线和 LS 曲线，便得到香蕉曲线，如图 4-17 所示。

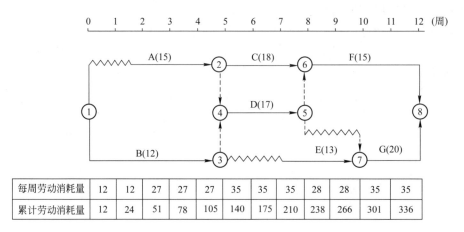

图 4-16　按工作最迟开始时间安排的进度计划及劳动消耗量

每周劳动消耗量	12	12	27	27	27	35	35	35	28	28	35	35
累计劳动消耗量	12	24	51	78	105	140	175	210	238	266	301	336

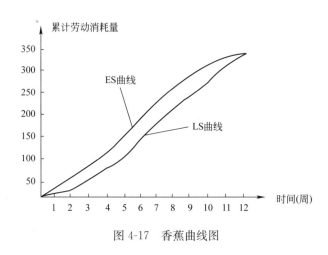

图 4-17　香蕉曲线图

四、前锋线比较法

前锋线比较法是通过绘制某检查时刻工程实际进度前锋线,进行工程实际进度与计划进度比较的方法,它主要适用于时标网络计划。所谓前锋线,是指在原时标网络计划上,从检查时刻的时标点出发,用点划线依次将各项工作实际进展位置点连接而成的折线。

前锋线比较法就是通过实际进度前锋线与原进度计划中各工作箭线交点的位置来判断工作实际进度与计划进度的偏差,进而判定该偏差对后续工作及总工期影响程度的一种方法。

采用前锋线比较法进行实际进度与计划进度的比较,其步骤如下:

1. 绘制时标网络计划图

工程项目实际进度前锋线是在时标网络计划图上标示,为清楚起见,可在时标网络计划图的上方和下方各设一时间坐标。

2. 绘制实际进度前锋线

一般从时标网络计划图上方时间坐标的检查日期开始绘制,依次连接相邻工作的实际进展位置点,最后与时标网络计划图下方坐标的检查日期相连接。

工作实际进展位置点的标定方法有两种：

（1）按该工作已完任务量比例进行标定

假设工程项目中各项工作均为匀速进展，根据实际进度检查时刻该工作已完任务量占其计划完成总任务量的比例，在工作箭线上从左至右按相同的比例标定其实际进展位置点。

（2）按尚需作业时间进行标定

当某些工作的持续时间难以按实物工程量来计算而只能凭经验估算时，可以先估算出检查时刻到该工作全部完成尚需作业的时间，然后在该工作箭线上从右向左逆向标定其实际进展位置点。

3. 进行实际进度与计划进度的比较

前锋线可以直观地反映出检查日期有关工作实际进度与计划进度之间的关系。对某项工作来说，其实际进度与计划进度之间的关系可能存在以下三种情况：

（1）工作实际进展位置点落在检查日期的左侧，表明该工作实际进度拖后，拖后的时间为二者之差；

（2）工作实际进展位置点与检查日期重合，表明该工作实际进度与计划进度一致；

（3）工作实际进展位置点落在检查日期的右侧，表明该工作实际进度超前，超前的时间为二者之差。

4. 预测进度偏差对后续工作及总工期的影响

通过实际进度与计划进度的比较确定进度偏差后，还可根据工作的自由时差和总时差预测该进度偏差对后续工作及项目总工期的影响。由此可见，前锋线比较法既适用于工作实际进度与计划进度之间的局部比较，又可用来分析和预测工程项目整体进度状况。

值得注意的是，以上比较是针对匀速进展的工作。对于非匀速进展的工作，比较方法较复杂，此处不赘述。

【例 4-4】 某工程项目时标网络计划如图 4-18 所示。该计划执行到第 6 周末检查实际进度时，发现工作 A 和 B 已经全部完成，工作 D、E 分别完成计划任务量的 20％和 50％，工作 C 尚需 3 周完成，试用前锋线法进行实际进度与计划进度的比较。

【解】 根据第 6 周末实际进度的检查结果绘制前锋线，如图 4-18 中点划线所示。通过比较可以看出：

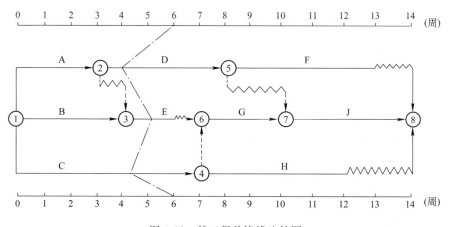

图 4-18 某工程前锋线比较图

（1）工作 D 实际进度拖后 2 周，将使其后续工作 F 的最早开始时间推迟 2 周，并使总工期延长 1 周；

（2）工作 E 实际进度拖后 1 周，既不影响总工期，也不影响其后续工作的正常进行；

（3）工作 C 实际进度拖后 2 周，将使其后续工作 G、H、J 的最早开始时间推迟 2 周。由于工作 G、J 开始时间的推迟，从而使总工期延长 2 周。

综上所述，如果不采取措施加快进度，该工程项目的总工期将延长 2 周。

五、列表比较法

当工程进度计划用非时标网络图表示时，可以采用列表比较法进行实际进度与计划进度的比较。这种方法是记录检查日期应该进行的工作名称及其已经作业的时间，然后列表计算有关时间参数，并根据工作总时差进行实际进度与计划进度比较的方法。

采用列表比较法进行实际进度与计划进度的比较，其步骤如下：

（1）对于实际进度检查日期应该进行的工作，根据已经作业的时间，确定其尚需作业时间；

（2）根据原进度计划计算检查日期应该进行的工作从检查日期到原计划最迟完成时剩余时间；

（3）计算工作尚有总时差，其值等于工作从检查日期到原计划最迟完成时间剩余时间与该工作尚需作业时间之差；

（4）比较实际进度与计划进度，可能有以下几种情况：

1）如果工作尚有总时差与原有总时差相等，说明该工作实际进度与计划进度一致；

2）如果工作尚有总时差大于原有总时差，说明该工作实际进度超前，超前的时间为二者之差；

3）如果工作尚有总时差小于原有总时差，且仍为非负值，说明该工作实际进度拖后，拖后的时间为二者之差，但不影响总工期；

4）如果工作尚有总时差小于原有总时差，且为负值，说明该工作实际进度拖后，拖后的时间为二者之差，此时工作实际进度偏差将影响总工期。

【例 4-5】 某工程项目进度计划如图 4-18 所示。该计划执行到第 10 周末检查实际进度时，发现工作 A、B、C、D、E 已经全部完成，工作 F 已进行 1 周，工作 G 和工作 H 均已进行 2 周，试用列表比较法进行实际进度与计划进度的比较。

【解】 根据工程项目进度计划及实际进度检查结果，可以计算出检查日期应进行工作的尚需作业时间、原有总时差及尚有总时差等，计算结果见表 4-2。通过比较尚有总时差和原有总时差，即可判断目前工程实际进展状况。

工程进度检查比较表 　　　　　　　　表 4-2

工作代号	工作名称	检查计划时尚需作业周数	到计划最迟完成时尚余周数	原有总时差	尚有总时差	情况判断
5—8	F	4	4	1	0	拖后 1 周，但不影响工期
6—7	G	1	0	0	−1	拖后 1 周，影响工期 1 周
4—8	H	3	4	2	1	拖后 1 周，但不影响工期

第三节 进度计划实施中的调整方法

一、分析进度偏差对后续工作及总工期的影响

在工程项目实施过程中,当通过实际进度与计划进度的比较,发现有进度偏差时,需要分析该偏差对后续工作及总工期的影响,从而采取相应的调整措施对原进度计划进行调整,以确保工期目标的顺利实现。进度偏差的大小及其所处的位置不同,对后续工作和总工期的影响程度是不同的,分析时需要利用网络计划中工作总时差和自由时差的概念进行判断。

分析步骤如下:

1. 分析出现进度偏差的工作是否为关键工作

如果出现进度偏差的工作位于关键线路上,即该工作为关键工作,则无论其偏差有多大,都将对后续工作和总工期产生影响,必须采取相应的调整措施;如果出现偏差的工作是非关键工作,则需要根据进度偏差值与总时差和自由时差的关系作进一步分析。

2. 分析进度偏差是否超过总时差

如果工作的进度偏差大于该工作的总时差,则此进度偏差必将影响其后续工作和总工期,必须采取相应的调整措施;如果工作的进度偏差未超过该工作的总时差,则此进度偏差不影响总工期。至于对后续工作的影响程度,还需要根据偏差值与其自由时差的关系作进一步分析。

3. 分析进度偏差是否超过自由时差

如果工作的进度偏差大于该工作的自由时差,则此进度偏差将对其后续工作产生影响,此时应根据后续工作的限制条件确定调整方法;如果工作的进度偏差未超过该工作的自由时差,则此进度偏差不影响后续工作,因此,原进度计划可以不作调整。

进度偏差的分析判断过程如图 4-19 所示。通过分析,进度控制人员可以根据进度偏差的影响程度,制订相应的纠偏措施进行调整,以获得符合实际进度情况和计划目标的新进度计划。

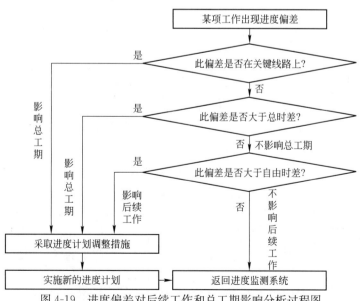

图 4-19 进度偏差对后续工作和总工期影响分析过程图

二、进度计划的调整方法

当实际进度偏差影响到后续工作、总工期而需要调整进度计划时，其调整方法主要有两种。

（一）改变某些工作间的逻辑关系

当工程项目实施中产生的进度偏差影响到总工期，且有关工作的逻辑关系允许改变时，可以改变关键线路和超过计划工期的非关键线路上的有关工作之间的逻辑关系，达到缩短工期的目的。例如，将顺序进行的工作改为平行作业、搭接作业以及分段组织流水作业等，都可以有效地缩短工期。

【例4-6】 某工程项目基础工程包括挖基槽、作垫层、砌基础、回填土4个施工过程，各施工过程的持续时间分别为21天、15天、18天和9天，如果采取顺序作业方式进行施工，则其总工期为63天。为缩短该基础工程总工期，如果在工作面及资源供应允许的条件下，将基础工程划分为工程量大致相等的3个施工段组织流水作业，试绘制该基础工程流水作业网络计划，并确定其计算工期。

【解】 该基础工程流水作业网络计划如图4-20所示。通过组织流水作业，使得该基础工程的计算工期由63天缩短为35天。

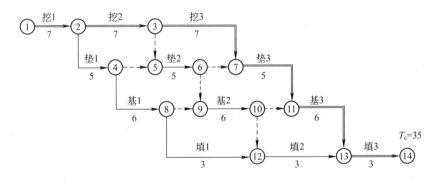

图4-20 某基础工程流水施工网络计划

（二）缩短某些工作的持续时间

这种方法是不改变工程项目中各项工作之间的逻辑关系，而通过采取增加资源投入、提高劳动效率等措施来缩短某些工作的持续时间，使工程进度加快，以保证按计划工期完成该工程项目。这些被压缩持续时间的工作是位于关键线路和超过计划工期的非关键线路上的工作。同时，这些工作又是其持续时间可被压缩的工作。这种调整方法通常可以在网络图上直接进行。其调整方法视限制条件及对其后续工作的影响程度的不同而有所区别，一般可分为以下三种情况：

1. 网络计划中某项工作进度拖延的时间已超过其自由时差但未超过其总时差

如前所述，此时该工作的实际进度不会影响总工期，而只对其后续工作产生影响。因此，在进行调整前，需要确定其后续工作允许拖延的时间限制，并以此作为进度调整的限制条件。该限制条件的确定常常较复杂，尤其是当后续工作由多个平行的承包单位负责实施时更是如此。后续工作如不能按原计划进行，在时间上产生的任何变化都可能使合同不能正常履行，而导致蒙受损失的一方提出索赔。因此，寻求合理的调整方案，把进度拖延对后续工作的影响减少到最低程度，是监理工程师的一项重要工作。

【例 4-7】　某工程项目双代号时标网络计划如图 4-21 所示，该计划执行到第 35 天下班时刻检查时，其实际进度如图中前锋线所示。试分析目前实际进度对后续工作和总工期的影响，并提出相应的进度调整措施。

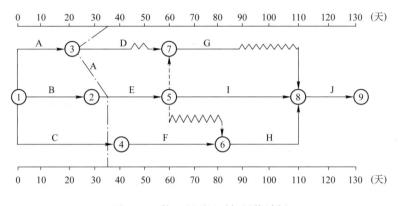

图 4-21　某工程项目时标网络计划

【解】　从图中可以看出，目前只有工作 D 的开始时间拖后 15 天，而影响其后续工作 G 的最早开始时间，其他工作的实际进度均正常。由于工作 D 的总时差为 30 天，故此时工作 D 的实际进度不影响总工期。

该进度计划是否需要调整，取决于工作 D 和 G 的限制条件：

（1）后续工作拖延的时间无限制

如果后续工作拖延的时间完全被允许时，可将拖延后的时间参数代入原计划，并化简网络图（即去掉已执行部分，以进度检查日期为起点，将实际数据代入，绘制出未实施部分的进度计划），即可得调整方案。例如在本例中，以检查时刻第 35 天为起点，将工作 D 的实际进度数据及工作 G 被拖延后的时间参数代入原计划（此时工作 D、G 的开始时间分别为 35 天和 65 天），可得如图 4-22 所示的调整方案。

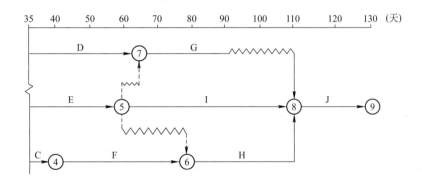

图 4-22　后续工作拖延时间无限制时的网络计划

（2）后续工作拖延的时间有限制

如果后续工作不允许拖延或拖延的时间有限制时，需要根据限制条件对网络计划进行调整，寻求最优方案。例如在本例中，如果工作 G 的开始时间不允许超过第 60 天，则只能将其紧前工作 D 的持续时间压缩为 25 天，调整后的网络计划如图 4-23 所示。如果在工作 D、G 之间还有多项工作，则可以利用工期优化的原理确定应压缩的工作，得到满足 G 工作限制条件的最优调整方案。

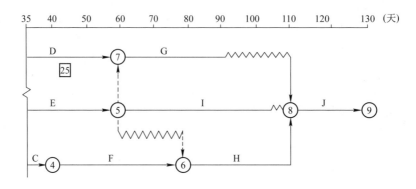

图 4-23　后续工作拖延时间有限制时的网络计划

2. 网络计划中某项工作进度拖延的时间超过其总时差

如果网络计划中某项工作进度拖延的时间超过其总时差，则无论该工作是否为关键工作，其实际进度都将对后续工作和总工期产生影响。此时，进度计划的调整方法又可分为以下三种情况：

（1）如果项目总工期不允许拖延，工程项目必须按照原计划工期完成，则只能采取缩短关键线路上后续工作持续时间的方法来达到调整计划的目的。这种方法实质上就是第三章所述工期优化的方法。

【例 4-8】　仍以图 4-21 所示网络计划为例，如果在计划执行到第 40 天下班时刻检查时，其实际进度如图 4-24 中前锋线所示，试分析目前实际进度对后续工作和总工期的影响，并提出相应的进度调整措施。

【解】　从图中可看出：

1）工作 D 实际进度拖后 10 天，但不影响其后续工作，也不影响总工期；

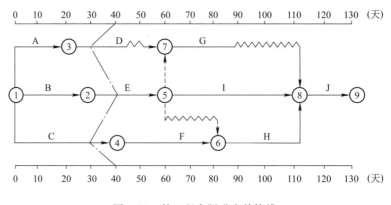

图 4-24　某工程实际进度前锋线

2）工作 E 实际进度正常，既不影响后续工作，也不影响总工期；

3）工作 C 实际进度拖后 10 天，由于其为关键工作，故其实际进度将使总工期延长 10 天，并使其后续工作 F、H 和 J 的开始时间推迟 10 天。

如果该工程项目总工期不允许拖延，则为了保证其按原计划工期 130 天完成，必须采用工期优化的方法，缩短关键线路上后续工作的持续时间。现假设工作 C 的后续工作 F、H 和 J 均可以压缩 10 天，通过比较，压缩工作 H 的持续时间所需付出的代价最小，故将工作 H 的持续时间由 30 天缩短为 20 天。调整后的网络计划如图 4-25 所示。

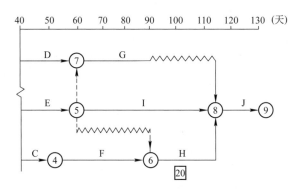

图 4-25　调整后工期不拖延的网络计划

（2）项目总工期允许拖延

如果项目总工期允许拖延，则此时只需以实际数据取代原计划数据，并重新绘制实际进度检查日期之后的简化网络计划即可。

【例 4-9】　以图 4-24 所示前锋线为例，如果项目总工期允许拖延，此时只需以检查日期第 40 天为起点，用其后各项工作尚需作业时间取代相应的原计划数据，绘制出网络计划如图 4-26 所示。方案调整后，项目总工期为 140 天。

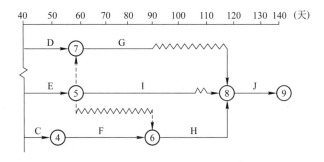

图 4-26　调整后拖延工期的网络计划

（3）项目总工期允许拖延的时间有限

如果项目总工期允许拖延，但允许拖延的时间有限。则当实际进度拖延的时间超过此限制时，也需要对网络计划进行调整，以便满足要求。

具体的调整方法是以总工期的限制时间作为规定工期，对检查日期之后尚未实施的网络计划进行工期优化，即通过缩短关键线路上后续工作持续时间的方法来使总工期满足规定工期的要求。

【例 4-10】 仍以图 4-24 所示前锋线为例，如果项目总工期只允许拖延至 135 天，则可按以下步骤进行调整：

1）绘制化简的网络计划，如图 4-26 所示。

2）确定需要压缩的时间。从图 4-26 中可以看出，在第 40 天检查实际进度时发现总工期将延长 10 天，该项目至少需要 140 天才能完成。而总工期只允许延长至 135 天，故需将总工期压缩 5 天。

3）对网络计划进行工期优化。从图 4-26 中可以看出，此时关键线路上的工作为 C、F、H 和 J。现假设通过比较，压缩关键工作 H 的持续时间所需付出的代价最小，故将其持续时间由原来的 30 天压缩为 25 天，调整后的网络计划如图 4-27所示。

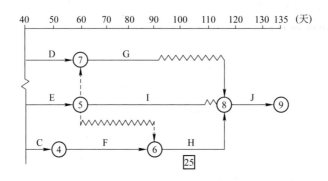

图 4-27 总工期拖延时间有限时的网络计划

以上三种情况均是以总工期为限制条件调整进度计划的。值得注意的是，当某项工作实际进度拖延的时间超过其总时差而需要对进度计划进行调整时，除需考虑总工期的限制条件外，还应考虑网络计划中后续工作的限制条件，特别是对总进度计划的控制更应注意这一点。因为在这类网络计划中，后续工作也许就是一些独立的合同段。时间上的任何变化，都会带来协调上的麻烦或者引起索赔。因此，当网络计划中某些后续工作对时间的拖延有限制时，同样需要以此为条件，按前述方法进行调整。

3. 网络计划中某项工作进度超前

监理工程师对建设工程实施进度控制的任务就是在工程进度计划的执行过程中，采取必要的组织协调和控制措施，以保证建设工程按期完成。在建设工程计划阶段所确定的工期目标，往往是综合考虑了各方面因素而确定的合理工期。因此，时间上的任何变化，无论是进度拖延还是超前，都可能造成其他目标的失控。例如，在一个建设工程施工总进度计划中，由于某项工作的进度超前，致使资源的需求发生变化，而打乱了原计划对人、材、物等资源的合理安排，亦将影响资金计划的使用和安排，特别是当多个平行的承包单位进行施工时，由此引起后续工作时间安排的变化，势必给监理工程师的协调工作带来许多麻烦。因此，如果建设工程实施过程中出现进度超前的情况，进度控制人员必须综合分析进度超前对后续工作产生的影响，并同承包单位协商，提出合理的进度调整方案，以确保工期总目标的顺利实现。

思　考　题

1. 简述建设工程进度监测的系统过程。
2. 简述建设工程进度调整的系统过程。
3. 监理工程师如何掌握建设工程实际进展状态?
4. 建设工程实际进度与计划进度的比较方法有哪些? 各有何特点?
5. 匀速进展与非匀速进展横道图比较法的区别是什么?
6. 利用 S 曲线比较法可以获得哪些信息?
7. 香蕉曲线是如何形成的? 其作用有哪些?
8. 实际进度前锋线如何绘制?
9. 如何分析进度偏差对后续工作及总工期的影响?
10. 进度计划的调整方法有哪些? 如何进行调整?

第四章

第五章　建设工程设计阶段进度控制

建设工程设计阶段是工程项目建设过程中的一个重要阶段，同时也是影响工程项目建设工期的关键阶段之一。在实施设计阶段监理中，监理工程师必须采取有效措施对建设工程设计进度进行控制，以确保建设工程总进度目标的实现。

第一节　设计阶段进度控制的意义和工作程序

一、设计阶段进度控制的意义

（一）设计进度控制是建设工程进度控制的重要内容

建设工程进度控制的目标是建设工期，而工程设计作为工程项目实施阶段的一个重要环节，其设计周期又是建设工期的组成部分。因此，为了实现建设工程进度总目标，就必须对设计进度进行控制。

工程设计工作涉及众多因素，包括规划、勘察、地理、地质、水文、能源、市政、环境保护、运输、物资供应、设备制造等。设计本身又是多专业的协作产物，它必须满足使用要求，同时也要讲究美观和经济效益，并考虑施工的可能性。为了对上述诸多复杂的问题进行综合考虑，工程设计要划分为初步设计和施工图设计两个阶段，特别复杂的工程设计还要增加技术设计阶段。这样，工程项目的设计周期往往很长，有时需要经过多次反复才能定案。因此，控制工程设计进度，不仅对建设工程总进度的控制有着很重要的意义，同时通过确定合理的设计周期，也使工程设计的质量得到了保证。

（二）设计进度控制是施工进度控制的前提

在建设工程实施过程中，必须是先有设计图纸，然后才能按图施工。只有及时供应图纸，才可能有正常的施工进度；否则，设计就会拖施工的后腿。在实际工作中，由于设计进度缓慢和设计变更多，使施工进度受到牵制的情况是经常发生的。为了保证施工进度不受影响，应加强设计进度控制。

（三）设计进度控制是设备和材料供应进度控制的前提

实施建设工程所需要的设备和材料是根据设计而来的。设计单位必须提出设备清单，以便进行加工订货或购买。由于设备制造需要一定的时间，因此，必须控制设计工作的进度，才能保证设备加工的进度。材料的加工和购买也是如此。

这样，在设计和施工两个实施环节之间就必须有足够的时间，以便进行设备与材料的加工订货和采购。因此，必须对设计进度进行控制，以保证设备和材料供应的进度，进而保证施工进度。

二、设计阶段进度控制工作程序

建设工程设计阶段进度控制的主要任务是出图控制，也就是通过采取有效措施使工程设计者如期完成初步设计、技术设计、施工图设计等各阶段的设计工作，并提交相应的设计图纸及说明。为此，监理工程师要审核设计单位的进度计划和各专业的出图计划，并在设计实施过程中，跟踪检查这些计划的执行情况，定期将实际进度与计划进度进行比较，进而纠正或修订进度计划。若发现进度拖后，监理工程师应督促设计单位采取有效措施加快进度。图 5-1 是考虑三阶段设计的进度控制工作流程图。

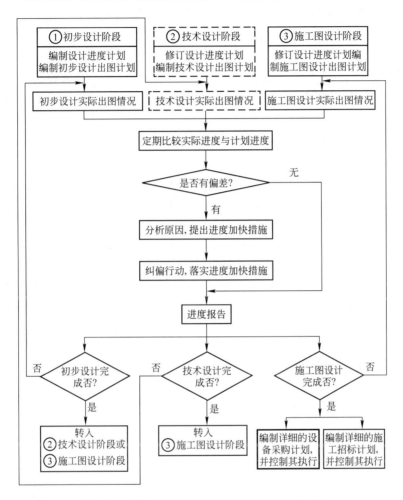

图 5-1　建设工程设计阶段进度控制工作流程图

第二节　设计阶段进度控制目标体系

建设工程设计阶段进度控制的最终目标是按质、按量、按时间要求提供施工图设计文件。确定建设工程设计进度控制总目标时，其主要依据有：建设工程总进度目标对设计周期的要求；设计工期定额、类似工程项目的设计进度、工程项目的技术先进程度等。

为了有效地控制设计进度，还需要将建设工程设计进度控制总目标按设计进展阶段和专业进行分解，从而形成设计阶段进度控制目标体系。

一、设计进度控制分阶段目标

建设工程设计主要包括设计准备、初步设计、技术设计、施工图设计等阶段，为了确保设计进度控制总目标的实现，应明确每一阶段的进度控制目标。

（一）设计准备工作时间目标

设计准备工作阶段主要包括：规划设计条件的确定、设计基础资料的提供以及委托设计等工作，它们都应有明确的时间目标。设计工作能否顺利进行，以及能否缩短设计周期，与设计准备工作时间目标的实现关系极大。

1. 确定规划设计条件

规划设计条件是指在城市建设中，由城市规划管理部门根据国家有关规定，从城市总体规划的角度出发，对拟建项目在规划设计方面所提出的要求。规划设计条件的确定按下列程序进行：

（1）由建设单位持建设项目的批准文件和确定的建设用地通知书，向城市规划管理部门申请确定拟建项目的规划设计条件。

（2）城市规划管理部门提出规划设计条件征询意见表，以了解有关部门是否有能力承担该项目的配套建设（如供电、供水、供气、排水、交通等），以及存在的问题和要求等。建设单位按照城市规划管理部门的要求，分别向有关单位征询意见，由各有关单位签注意见和要求，必要时由建设单位与有关单位签订配套项目协议。

（3）将征询意见表返回城市规划管理部门，经整理确定后，再向建设单位发出规划设计条件通知书。如果有人防工程，还须另发人防工程设计条件通知书。规划设计条件通知书一般包括下列内容：工程位置及附图，用地面积，建设项目的名称、建筑面积、高度、层数，建筑高度限额及容积率限额，绿化面积比例限额，机动车停车场位和地面车位比例，自行车场车位数，其他规划设计条件，注意事项等。

2. 提供设计基础资料

建设单位必须向设计单位提供完整、可靠的设计基础资料，它是设计单位进行工程设计的主要依据。设计基础资料一般包括下列内容：经批准的可行性研究报告，城市规划管理部门发给的"规划设计条件通知书"和地形图，建筑总平面布置图，原有的上下水管道图、道路图、动力和照明线路图，建设单位与有关部门签订的供电、供气、供热、供水、雨污水排放方案或协议书，环保部门批准的建设工程环境影响审批表和城市节水部门批准的节水措施批件，当地的气象、风向、风荷、雪荷及地震级别，水文地质和工程地质勘察报告，对建筑物的采光、照明、供电、供气、供热、给水排水、空调及电梯的要求，建筑构配件的适用要求，各类设备的选型、生产厂家及设备构造安装图纸，建筑物的装饰标准及要求，对"三废"处理的要求，建设项目所在地区其他方面的要求和限制（如机场、港口、文物保护等）。

3. 选定设计单位、商签设计合同

设计单位的选定可以采用直接指定、设计招标及设计方案竞赛等方式。为了优选设计单位，保证工程设计质量，降低设计费用，缩短设计周期，应当通过设计招标选定设计单位。而设计方案竞赛的主要目的是用来获得理想的设计方案，同时也有助于选择理想的设计单位，从而为以后的工程设计打下良好的基础。

当选定设计单位之后，建设单位和设计单位应就设计费用及委托设计合同中的一些细节进行谈判、磋商，双方取得一致意见后即可签订建设工程设计合同。在该合同中，要明确设计进度及设计图纸提交时间。

（二）初步设计、技术设计工作时间目标

初步设计应根据建设单位所提供的设计基础资料进行编制。初步设计和总概算经批准后，便可作为确定建设项目投资额、编制固定资产投资计划、签订总包合同及贷款合同、实行投资包干、控制建设工程拨款、组织主要设备订货、进行施工准备及编制技术设计（或施工图设计）文件等的主要依据。技术设计应根据初步设计文件进行编制，技术设计和修正总概算经批准后，便成为建设工程拨款和编制施工图设计文件的依据。

为了确保工程建设进度总目标的实现，并保证工程设计质量，应根据建设工程的具体情况，确定出合理的初步设计和技术设计周期。该时间目标中，除了要考虑设计工作本身及进行设计分析和评审所花的时间外，还应考虑设计文件的报批时间。

（三）施工图设计工作时间目标

施工图设计应根据批准的初步设计文件（或技术设计文件）和主要设备订货情况进行编制，它是工程施工的主要依据。

施工图设计是工程设计的最后一个阶段，其工作进度将直接影响建设工程的施工进度，进而影响建设工程进度总目标的实现。因此，必须确定合理的施工图设计交付时间，确保建设工程设计进度总目标的实现，从而为工程施工的正常进行创造良好的条件。

二、设计进度控制分专业目标

以上是设计进度控制分阶段目标，为了有效地控制建设工程设计进度，还可以将各阶段设计进度目标具体化，进行进一步分解。例如：可以将初步设计工作时间目标分解为方案设计时间目标和初步设计时间目标；将施工图设计时间目标分解为基础设计时间目标、结构设计时间目标、装饰设计时间目标及安装图设计时间目标等。这样，设计进度控制目标便构成了一个从总目标到分目标的完整的目标体系。

第三节　设计进度控制措施

一、影响设计进度的因素

建设工程设计工作属于多专业协作配合的智力劳动，在工程设计过程中，影响其进度的因素有很多，归纳起来，主要有以下几个方面：

（一）建设意图及要求改变的影响

建设工程设计是本着业主的建设意图和要求而进行的，所有的工程设计必然是业主意图的体现。因此，在设计过程中，如果业主改变其建设意图和要求，就会引起设计单位的设计变更，必然会对设计进度造成影响。

（二）设计审批时间的影响

建设工程设计是分阶段进行的，如果前一阶段（如初步设计）的设计文件不能顺利得到批准，必然会影响到下一阶段（如施工图设计）的设计进度。因此，设计审批时间的长短，在一定条件下将影响到设计进度。

（三）设计各专业之间协调配合的影响

如前所述，建设工程设计是一个多专业、多方面协调合作的复杂过程，如果业主、设计单位、监理单位等各单位之间，以及土建、电气、通信等各专业之间没有良好的协作关系，必然会影响建设工程设计工作的顺利实施。

（四）工程变更的影响

当建设工程采用CM法实行分段设计、分段施工时，如果在已施工的部分发现一些问题而必须进行工程变更的情况下，也会影响设计工作进度。

（五）材料代用、设备选用失误的影响

材料代用、设备选用的失误将会导致原有工程设计失效而重新进行设计，这也会影响设计工作进度。

二、设计单位的进度控制

为了履行设计合同，按期提交施工图设计文件，设计单位应采取有效措施，控制建设工程设计进度：

（1）建立计划部门，负责设计单位年度计划的编制和工程项目设计进度计划的编制。

（2）建立健全设计技术经济定额，并按定额要求进行计划的编制与考核。

（3）实行设计工作技术经济责任制，将职工的经济利益与其完成任务的数量和质量挂钩。

（4）编制切实可行的设计总进度计划、阶段性设计进度计划和设计进度作业计划。在编制计划时，加强与业主、监理单位、科研单位及承包商的协作与配合，使设计进度计划积极可靠。

（5）认真实施设计进度计划，力争设计工作有节奏、有秩序、合理搭接地进行。在执行计划时，要定期检查计划的执行情况，并及时对设计进度进行调整，使设计工作始终处于可控状态。

（6）坚持按基本建设程序办事，尽量避免进行"边设计、边准备、边施工"的"三边"设计。

（7）不断分析总结设计进度控制工作经验，逐步提高设计进度控制工作水平。

三、监理单位的进度监控

监理单位受业主的委托进行工程设计监理时，应落实项目监理机构专门负责设计进度控制的人员，按合同要求对设计工作进度进行严格监控。

对于设计进度应实施动态控制。在设计工作开始之前，首先应由监理工程师审查设计单位所编制的进度计划的合理性和可行性。在进度计划实施过程中，监理工程师应定期检查设计工作的实际完成情况，并与计划进度进行比较分析。一旦发现偏差，就应在分析原因的基础上提出纠偏措施，以加快设计工作进度。必要时，应对原进度计划进行调整或修订。

在设计进度控制中，监理工程师要对设计单位填写的设计图纸进度表（表5-1）进行核查分析，并提出自己的见解。从而将各设计阶段的每一张图纸（包括其相应的设计文件）的进度都纳入监控之中。

设计图纸进度表　　　　　　　　　　　表 5-1

工程项目名称			项目编号	
监理单位			设计阶段	
图纸编号		图纸名称	图纸版次	
图纸设计负责人			制表日期	
设计步骤	监理工程师批准的计划完成时间		实际完成时间	
草图				
制图				
设计单位自审				
监理工程师审核				
发出				

偏差原因分析：

_____

措施及对策：

_____

四、建筑工程管理方法

建筑工程管理（CM，Construction Management）方法是近年来在国外推行的一种系统工程管理方法，其特点是将工程设计分阶段进行，每阶段设计好之后就进行招标施工，并在全部工程竣工前，可将已完部分工程交付使用。这样，不仅可以缩短工程项目的建设工期，还可以使部分工程分批投产，以提前获得收益。建筑工程管理方法与传统的项目实施程序的比较如图 5-2 所示。

CM 的基本指导思想是缩短工程项目的建设周期，它采用快速路径（Fast-Track）的生产组织方式，特别适用于那些实施周期长、工期要求紧迫的大型复杂建设工程。建设工程采用 CM 承发包模式，在进度控制方面的优势主要体现在以下几个方面：

（1）由于采取分阶段发包，集中管理，实现了有条件的"边设计、边施工"，使设计与施工能够充分地搭接，有利于缩短建设工期。

（2）监理工程师在建设工程设计早期即可参与项目的实施，并对工程设计提出合理化建议，使设计方案的施工可行性和合理性在设计阶段就得到考虑和证实，从而可以减少施工阶段因修改设计而造成的实际进度拖后。

（3）为了实现设计与施工以及施工与施工的合理搭接，建筑工程管理方法将项目的进度安排看作一个完整的系统工程，一般在项目实施早期即编制供货期长的设备采购计划，并提前安排设备招标、提前组织设备采购，从而可以避免因设备供应工作的组织和管理不当而造成的工程延期。

当采用建筑工程管理方法时，监理工程师不仅要负责设计方面的管理与协调工作，同时还有施工方面的监理职能。因此，监理工程师必须采取有效措施，使工程设计与施工能协调地进行，避免出现因设计进度拖延而导致施工进度受影响的不正常情况，最终确保建设工程进度总目标的实现。

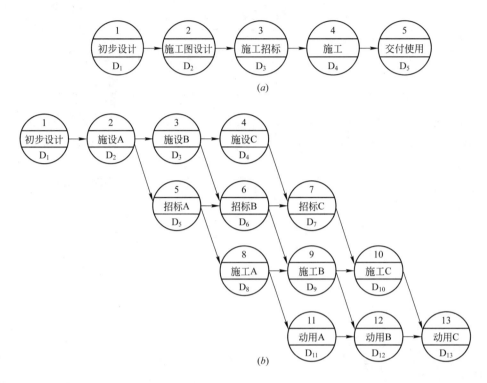

图 5-2　建筑工程管理方法与传统的项目实施程序的比较
（a）传统的项目实施程序；（b）建筑工程管理方法

思　考　题

1. 简述建设工程设计阶段进度控制的意义。
2. 简述建设工程设计阶段进度控制工作程序。
3. 建设工程设计阶段进度控制的目标是什么？
4. 影响建设工程设计工作进度的因素有哪些？
5. 建设工程设计阶段进度控制的措施有哪些？
6. CM 法的特点是什么？

第六章　建设工程施工阶段进度控制

施工阶段是建设工程实体的形成阶段，对其进度实施控制是建设工程进度控制的重点。做好施工进度计划与项目建设总进度计划的衔接，并跟踪检查施工进度计划的执行情况，在必要时对施工进度计划进行调整对于建设工程进度控制总目标的实现具有十分重要的意义。

监理工程师受业主的委托在建设工程施工阶段实施监理时，其进度控制的总任务就是在满足工程项目建设总进度计划要求的基础上，编制或审核施工进度计划，并对其执行情况加以动态控制，以保证工程项目按期竣工交付使用。

第一节　施工阶段进度控制目标的确定

一、施工进度控制目标体系

保证工程项目按期建成交付使用，是建设工程施工阶段进度控制的最终目的。为了有效地控制施工进度，首先要将施工进度总目标从不同角度进行层层分解，形成施工进度控制目标体系，从而作为实施进度控制的依据。

建设工程施工进度控制目标体系如图 6-1 所示。

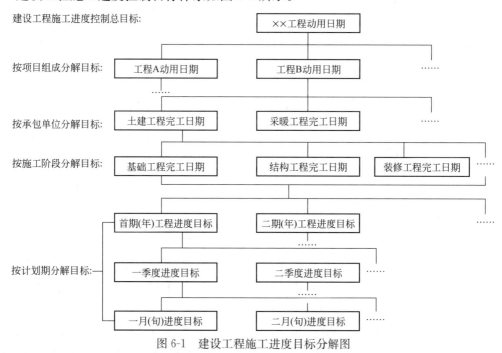

图 6-1　建设工程施工进度目标分解图

从上图可以看出，建设工程不但要有项目建成交付使用的确切日期这个总目标，还要有各单位工程交工动用的分目标以及按承包单位、施工阶段和不同计划期划分的分目标。各目标之间相互联系，共同构成建设工程施工进度控制目标体系。其中，下级目标受上级目标的制约，下级目标保证上级目标，最终保证施工进度总目标的实现。

（一）按项目组成分解，确定各单位工程开工及动用日期

各单位工程的进度目标在工程项目建设总进度计划及建设工程年度计划中都有体现。在施工阶段应进一步明确各单位工程的开工和交工动用日期，以确保施工总进度目标的实现。

（二）按承包单位分解，明确分工条件和承包责任

在一个单位工程中有多个承包单位参加施工时，应按承包单位将单位工程的进度目标分解，确定出各分包单位的进度目标，列入分包合同，以便落实分包责任，并根据各专业工程交叉施工方案和前后衔接条件，明确不同承包单位工作面交接的条件和时间。

（三）按施工阶段分解，划定进度控制分界点

根据工程项目的特点，应将其施工分成几个阶段，如土建工程可分为基础、结构和内外装修阶段。每一阶段的起止时间都要有明确的标志，特别是不同单位承包的不同施工段之间，更要明确划定时间分界点，以此作为形象进度的控制标志，从而使单位工程动用目标具体化。

（四）按计划期分解，组织综合施工

将工程项目的施工进度控制目标按年度、季度、月（或旬）进行分解，并用实物工程量、货币工作量及形象进度表示，将更有利于监理工程师明确对各承包单位的进度要求。同时，还可以据此监督其实施，检查其完成情况。计划期越短，进度目标越细，进度跟踪就越及时，发生进度偏差时也就更能有效地采取措施予以纠正。这样，就形成一个有计划、有步骤协调施工、长期目标对短期目标自上而下逐级控制、短期目标对长期目标自下而上逐级保证、逐步趋近进度总目标的局面，最终达到工程项目按期竣工交付使用的目的。

二、施工进度控制目标的确定

为了提高进度计划的预见性和进度控制的主动性，在确定施工进度控制目标时，必须全面细致地分析与建设工程进度有关的各种有利因素和不利因素。只有这样，才能订出一个科学、合理的进度控制目标。确定施工进度控制目标的主要依据有：建设工程总进度目标对施工工期的要求；工期定额、类似工程项目的实际进度；工程难易程度和工程条件的落实情况等。

在确定施工进度分解目标时，还要考虑以下各个方面：

（1）对于大型建设工程项目，应根据尽早提供可动用单元的原则，集中力量分期分批建设，以便尽早投入使用，尽快发挥投资效益。这时，为保证每一动用单元能形成完整的生产能力，就要考虑这些动用单元交付使用时所必需的全部配套项目。因此，要处理好前期动用和后期建设的关系、每期工程中主体工程与辅助及附属工程之间的关系等。

（2）合理安排土建与设备的综合施工。要按照它们各自的特点，合理安排土建施工与设备基础、设备安装的先后顺序及搭接、交叉或平行作业，明确设备工程对土建工程的要求和土建工程为设备工程提供施工条件的内容及时间。

（3）结合本工程的特点，参考同类建设工程的经验来确定施工进度目标。避免只按主观愿望盲目确定进度目标，从而在实施过程中造成进度失控。

（4）做好资金供应能力、施工力量配备、物资（材料、构配件、设备）供应能力与施工进度的平衡工作，确保工程进度目标的要求而不使其落空。

（5）考虑外部协作条件的配合情况。包括施工过程中及项目竣工动用所需的水、电、气、通信、道路及其他社会服务项目的满足程序和满足时间。它们必须与有关项目的进度目标相协调。

（6）考虑工程项目所在地区地形、地质、水文、气象等方面的限制条件。

总之，要想对工程项目的施工进度实施控制，就必须有明确、合理的进度目标（进度总目标和进度分目标）；否则，控制便失去了意义。

第二节　施工阶段进度控制的内容

一、建设工程施工进度控制工作流程

建设工程施工进度控制工作流程如图 6-2 所示。

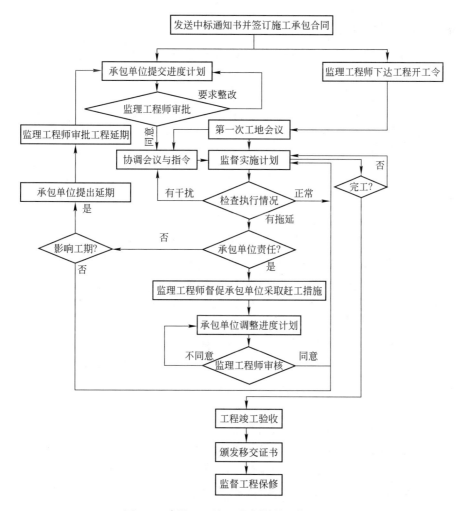

图 6-2　建设工程施工进度控制工作流程图

二、建设工程施工进度控制工作内容

建设工程施工进度控制工作从审核承包单位提交的施工进度计划开始，直至建设工程保修期满为止，其工作内容主要有：

1. 编制施工进度控制工作细则

施工进度控制工作细则是在建设工程监理规划的指导下，由项目监理机构进度控制部门的监理工程师负责编制的更具有实施性和操作性的监理业务文件。其主要内容包括：

（1）施工进度控制目标分解图；

（2）施工进度控制的主要工作内容和深度；

（3）进度控制人员的职责分工；

（4）与进度控制有关各项工作的时间安排及工作流程；

（5）进度控制的方法（包括进度检查周期、数据采集方式、进度报表格式、统计分析方法等）；

（6）进度控制的具体措施（包括组织措施、技术措施、经济措施及合同措施等）；

（7）施工进度控制目标实现的风险分析；

（8）尚待解决的有关问题。

事实上，施工进度控制工作细则是对建设工程监理规划中有关进度控制内容的进一步深化和补充。如果将建设工程监理规划比作开展监理工作的"初步设计"，施工进度控制工作细则就可以看成是开展建设工程监理工作的"施工图设计"，它对监理工程师的进度控制实务工作起着具体的指导作用。

2. 编制或审核施工进度计划

为了保证建设工程的施工任务按期完成，监理工程师必须审核承包单位提交的施工进度计划。对于大型建设工程，由于单位工程较多、施工工期长，且采取分期分批发包又没有一个负责全部工程的总承包单位时，就需要监理工程师编制施工总进度计划；或者当建设工程由若干个承包单位平行承包时，监理工程师也有必要编制施工总进度计划。施工总进度计划应确定分期分批的项目组成；各批工程项目的开工、竣工顺序及时间安排；全场性准备工程，特别是首批准备工程的内容与进度安排等。

当建设工程有总承包单位时，监理工程师只需对总承包单位提交的施工总进度计划进行审核即可。而对于单位工程施工进度计划，监理工程师只负责审核而不需要编制。

施工进度计划审核的内容主要有：

（1）进度安排是否符合工程项目建设总进度计划中总目标和分目标的要求，是否符合施工合同中开工、竣工日期的规定。

（2）施工总进度计划中的项目是否有遗漏，分期施工是否满足分批动用的需要和配套动用的要求。

（3）施工顺序的安排是否符合施工工艺的要求。

（4）劳动力、材料、构配件、设备及施工机具、水、电等生产要素的供应计划是否能保证施工进度计划的实现，供应是否均衡，需求高峰期是否有足够能力实现计划供应。

（5）总包、分包单位分别编制的各项单位工程施工进度计划之间是否相协调，专业分工与计划衔接是否明确合理。

（6）对于业主负责提供的施工条件（包括资金、施工图纸、施工场地、采供的物资

等），在施工进度计划中安排得是否明确、合理，是否有造成因业主违约而导致工程延期和费用索赔的可能存在。

如果监理工程师在审查施工进度计划的过程中发现问题，应及时向承包单位提出书面修改意见（也称整改通知书），并协助承包单位修改。其中重大问题应及时向业主汇报。

应当说明，编制和实施施工进度计划是承包单位的责任。承包单位之所以将施工进度计划提交给监理工程师审查，是为了听取监理工程师的建设性意见。因此，监理工程师对施工进度计划的审查或批准，并不解除承包单位对施工进度计划的任何责任和义务。此外，对监理工程师来讲，其审查施工进度计划的主要目的是为了防止承包单位计划不当，以及为承包单位保证实现合同规定的进度目标提供帮助。如果强制地干预承包单位的进度安排，或支配施工中所需要劳动力、设备和材料，将是一种错误行为。

尽管承包单位向监理工程师提交施工进度计划是为了听取建设性的意见，但施工进度计划一经监理工程师确认，即应当视为合同文件的一部分，它是以后处理承包单位提出的工程延期或费用索赔的一个重要依据。

3. 按年、季、月编制工程综合计划

在按计划期编制的进度计划中，监理工程师应着重解决各承包单位施工进度计划之间、施工进度计划与资源（包括资金、设备、机具、材料及劳动力）保障计划之间及外部协作条件的延伸性计划之间的综合平衡与相互衔接问题，并根据上期计划的完成情况对本期计划作必要的调整，从而作为承包单位近期执行的指令性计划。

4. 下达工程开工令

监理工程师应根据承包单位和业主双方关于工程开工的准备情况，选择合适的时机发布工程开工令。工程开工令的发布，要尽可能及时。因为从发布工程开工令之日算起，加上合同工期后即为工程竣工日期。如果开工令发布拖延，就等于推迟了竣工时间，甚至可能引起承包单位的索赔。

为了检查双方的准备情况，监理工程师应参加由业主主持召开的第一次工地会议。业主应按照合同规定，做好征地拆迁工作，及时提供施工用地。同时，还应当完成法律及财务方面的手续，以便能及时向承包单位支付工程预付款。承包单位应当将开工所需要的人力、材料及设备准备好，同时还要按合同规定为监理工程师提供各种条件。

5. 协助承包单位实施进度计划

监理工程师要随时了解施工进度计划执行过程中所存在的问题，并帮助承包单位予以解决，特别是承包单位无力解决的内外关系协调问题。

6. 监督施工进度计划的实施

这是建设工程施工进度控制的经常性工作。监理工程师不仅要及时检查承包单位报送的施工进度报表和分析资料，同时还要进行必要的现场实地检查，核实所报送的已完项目的时间及工程量，杜绝虚报现象。

在对工程实际进度资料进行整理的基础上，监理工程师应将其与计划进度相比较，以判定实际进度是否出现偏差。如果出现进度偏差，监理工程师应进一步分析此偏差对进度控制目标的影响程度及其产生的原因，以便研究对策，提出纠偏措施。必要时还应对后期工程进度计划作适当的调整。

7．组织现场协调会

监理工程师应每月、每周定期组织召开不同层级的现场协调会议，以解决工程施工过程中的相互协调配合问题。在每月召开的高级协调会上通报工程项目建设的重大变更事项，协商其后果处理，解决各个承包单位之间以及业主与承包单位之间的重大协调配合问题。在每周召开的管理层协调会上，通报各自进度状况、存在的问题及下周的安排，解决施工中的相互协调配合问题。通常包括：各承包单位之间的进度协调问题；工作面交接和阶段成品保护责任问题；场地与公用设施利用中的矛盾问题；某一方面断水、断电、断路、开挖要求对其他方面影响的协调问题以及资源保障、外协条件配合问题等。

在平行、交叉施工单位多，工序交接频繁且工期紧迫的情况下，现场协调会甚至需要每日召开。在会上通报和检查当天的工程进度，确定薄弱环节，部署当天的赶工任务，以便为次日正常施工创造条件。

对于某些未曾预料的突发变故或问题，监理工程师还可以通过发布紧急协调指令，督促有关单位采取应急措施维护施工的正常秩序。

8．签发工程进度款支付凭证

监理工程师应对承包单位申报的已完分项工程量进行核实，在质量监理人员检查验收后，签发工程进度款支付凭证。

9．审批工程延期

造成工程进度拖延的原因有两个方面：一是由于承包单位自身的原因；一是由于承包单位以外的原因。前者所造成的进度拖延，称为工程延误；而后者所造成的进度拖延称为工程延期。

（1）工程延误。当出现工程延误时，监理工程师有权要求承包单位采取有效措施加快施工进度。如果经过一段时间后，实际进度没有明显改进，仍然拖后于计划进度，而且显然影响工程按期竣工时，监理工程师应要求承包单位修改进度计划，并提交给监理工程师重新确认。

监理工程师对修改后的施工进度计划的确认，并不是对工程延期的批准，他只是要求承包单位在合理的状态下施工。因此，监理工程师对进度计划的确认，并不能解除承包单位应负的一切责任，承包单位需要承担赶工的全部额外开支和误期损失赔偿。

（2）工程延期。如果由于承包单位以外的原因造成工期拖延，承包单位有权提出延长工期的申请。监理工程师应根据合同规定，审批工程延期时间。经监理工程师核实批准的工程延期时间，应纳入合同工期，作为合同工期的一部分。即新的合同工期应等于原定的合同工期加上监理工程师批准的工程延期时间。

监理工程师对于施工进度的拖延，是否批准为工程延期，对承包单位和业主都十分重要。如果承包单位得到监理工程师批准的工程延期，不仅可以不赔偿由于工期延长而支付的误期损失费，而且还要由业主承担由于工期延长所增加的费用。因此，监理工程师应按照合同的有关规定，公正地区分工程延误和工程延期，并合理地批准工程延期时间。

10．向业主提供进度报告

监理工程师应随时整理进度资料，并做好工程记录，定期向业主提交工程进度报告。

11．督促承包单位整理技术资料

监理工程师要根据工程进展情况，督促承包单位及时整理有关技术资料。

12. 签署工程竣工报验单，提交质量评估报告

当单位工程达到竣工验收条件后，承包单位在自行预验的基础上提交工程竣工报验单，申请竣工验收。监理工程师在对竣工资料及工程实体进行全面检查、验收合格后，签署工程竣工报验单，并向业主提出质量评估报告。

13. 整理工程进度资料

在工程完工以后，监理工程师应将工程进度资料收集起来，进行归类、编目和建档，以便为今后其他类似工程项目的进度控制提供参考。

14. 工程移交

监理工程师应督促承包单位办理工程移交手续，颁发工程移交证书。在工程移交后的保修期内，还要处理验收后质量问题的原因及责任等争议问题，并督促责任单位及时修理。当保修期结束且再无争议时，建设工程进度控制的任务即告完成。

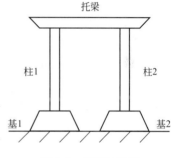

【例 6-1】 某高架输水管道建设工程中有 20 组钢筋混凝土支架，每组支架的结构形式及工程量相同，均由基础、柱和托梁三部分组成，如图 6-3 所示。业主通过招标将 20 组钢筋混凝土支架的施工任务发包给某施工单位，并与其签订了施工合同，合同工期为 190 天。

图 6-3 托梁示意图

在工程开工前，该承包单位向项目监理机构提交了施工方案及施工进度计划：

（1）施工方案：

施工流向：从第 1 组支架依次流向第 20 组支架；

劳动组织：基础、柱和托梁分别组织混合工种专业工作队；

技术间歇：柱混凝土浇筑后需养护 20 天方能进行托梁施工；

物资供应：脚手架、模板、机具及商品混凝土等均按施工进度要求调度配合。

（2）施工进度计划如图 6-4 所示，时间单位为天。

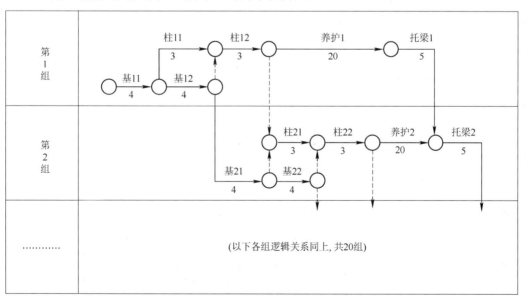

图 6-4 钢筋混凝土支架施工进度计划

试分析该施工进度计划，并判断监理工程师是否应批准该施工进度计划。

【解】 由施工方案及图 6-4 所示施工进度计划可以看出，为了缩短工期，承包单位将 20 组支架的施工按流水作业进行组织。

(1) 任意相邻两组支架开工时间的差值等于两个柱基础的持续时间，即：4＋4＝8(天)；

(2) 每一组支架的计划施工时间为：4＋4＋3＋20＋5＝36(天)；

(3) 20 组钢筋混凝土支架的计划总工期为：(20－1)×8＋36＝188(天)；

(4) 20 组钢筋混凝土支架施工进度计划中的关键工作是所有支架的基础工程及第 20 组支架的柱 2、养护和托梁；

(5) 由于施工进度计划中各项工作逻辑关系合理，符合施工工艺及施工组织要求，较好地采用了流水作业方式，且计划总工期未超过合同工期，故监理工程师应批准该施工进度计划。

第三节 施工进度计划的编制与审查

施工进度计划是表示各项工程（单位工程、分部工程或分项工程）的施工顺序、开始和结束时间以及相互衔接关系的计划。它既是承包单位进行现场施工管理的核心指导文件，也是监理工程师实施进度控制的依据。施工进度计划通常是按工程对象编制的。

一、施工总进度计划的编制

施工总进度计划一般是建设工程项目的施工进度计划。它是用来确定建设工程项目中所包含的各单位工程的施工顺序、施工时间及相互衔接关系的计划。编制施工总进度计划的依据有：施工总方案；资源供应条件；各类定额资料；合同文件；工程项目建设总进度计划；工程动用时间目标；建设地区自然条件及有关技术经济资料等。

施工总进度计划的编制步骤和方法如下：

（一）计算工程量

根据批准的工程项目一览表，按单位工程分别计算其主要实物工程量，不仅是为了编制施工总进度计划，而且还为了编制施工方案和选择施工、运输机械，初步规划主要施工过程的流水施工，以及计算人工、施工机械及建筑材料的需要量。因此，工程量只需粗略地计算即可。

工程量的计算可按初步设计（或扩大初步设计）图纸和有关额定手册或资料进行。常用的定额、资料有：

（1）每万元、每 10 万元投资工程量、劳动量及材料消耗扩大指标。

（2）概算指标和扩大结构定额。

（3）已建成的类似建筑物、构筑物的资料。

对于工业建设工程来说，计算出的工程量应填入工程量汇总表（表 6-1）。

工 程 量 汇 总 表 表 6-1

序号	工程量名称	单位	合计	生产车间			仓库运输			管网				生活福利	大型临设		备注
				××车间	…	…	仓库	铁路	公路	供电	排水	供水	供热	宿舍	文化福利	生产	生活	

（二）确定各单位工程的施工期限

各单位工程的施工期限应根据合同工期确定，同时还要考虑建筑类型、结构特征、施工方法、施工管理水平、施工机械化程度及施工现场条件等因素。如果在编制施工总进度计划时没有合同工期，则应保证计划工期不超过工期定额。

（三）确定各单位工程的开竣工时间和相互搭接关系

确定各单位工程的开竣工时间和相互搭接关系主要应考虑以下几点：

（1）同一时期施工的项目不宜过多，以避免人力、物力过于分散。

（2）尽量做到均衡施工，以使劳动力、施工机械和主要材料的供应在整个工期范围内达到均衡。

（3）尽量提前建设可供工程施工使用的永久性工程，以节省临时工程费用。

（4）急需和关键的工程先施工，以保证工程项目如期交工。对于某些技术复杂、施工周期较长、施工困难较多的工程，应安排提前施工，以利于整个工程项目按期交付使用。

（5）施工顺序必须与主要生产系统投入生产的先后次序相吻合。同时还要安排好配套工程的施工时间，以保证建成的工程能迅速投入生产或交付使用。

（6）应注意季节对施工顺序的影响，使施工季节不导致工期拖延，不影响工程质量。

（7）安排一部分附属工程或零星项目作为后备项目，用以调整主要项目的施工进度。

（8）注意主要工种和主要施工机械能连续施工。

（四）编制初步施工总进度计划

施工总进度计划应安排全工地性的流水作业。全工地性的流水作业安排应以工程量大、工期长的单位工程为主导，组织若干条流水线，并以此带动其他工程。施工总进度计划既可以用横道图表示，也可以用网络图表示。如果用横道图表示，则常用的格式见表6-2。由于采用网络计划技术控制工程进度更加有效，所以人们更多地开始采用网络图来表示施工总进度计划。特别是电子计算机的广泛应用，为网络计划技术的推广和普及创造了更加有利的条件。

施工总进度计划表　　　　　　　　　　　　表 6-2

序号	单位工程名称	建筑面积（m²）	结构类型	工程造价（万元）	施工时间（月）	施工进度计划											
						第一年				第二年				第三年			
						Ⅰ	Ⅱ	Ⅲ	Ⅳ	Ⅰ	Ⅱ	Ⅲ	Ⅳ	Ⅰ	Ⅱ	Ⅲ	

（五）编制正式施工总进度计划

初步施工总进度计划编制完成后，要对其进行检查。主要是检查总工期是否符合要求，资源使用是否均衡且其供应是否能得到保证。如果出现问题，则应进行调整。调整的主要方法是改变某些工程的起止时间或调整主导工程的工期。如果是网络计划，则可以利用计算机分别进行工期优化、费用优化及资源优化。当初步施工总进度计划经过调整符合要求后，即可编制正式的施工总进度计划。

正式的施工总进度计划确定后，应据以编制劳动力、材料、大型施工机械等资源的需用量计划，以便组织供应，保证施工总进度计划的实现。

二、单位工程施工进度计划的编制

单位工程施工进度计划是在既定施工方案的基础上，根据规定的工期和各种资源供应条件，对单位工程中的各分部分项工程的施工顺序、施工起止时间及衔接关系进行合理安排的计划。其编制的主要依据有：施工总进度计划；单位工程施工方案；合同工期或定额工期；施工定额；施工图和施工预算；施工现场条件；资源供应条件；气象资料等。

（一）单位工程施工进度计划的编制程序

单位工程施工进度计划的编制程序如图 6-5 所示。

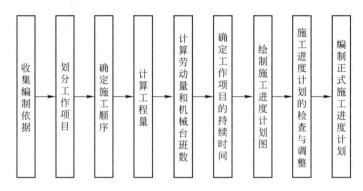

图 6-5　单位工程施工进度计划编制程序

（二）单位工程施工进度计划的编制方法

1. 划分工作项目

工作项目是包括一定工作内容的施工过程，它是施工进度计划的基本组成单元。工作项目内容的多少，划分的粗细程度，应该根据计划的需要来决定。对于大型建设工程，经常需要编制控制性施工进度计划，此时工作项目可以划分得粗一些，一般只明确到分部工程即可。例如在装配式单层厂房控制性施工进度计划中，只列出土方工程、基础工程、预制工程、安装工程等各分部工程项目。如果编制实施性施工进度计划，工作项目就应划分得细一些。在一般情况下，单位工程施工进度计划中的工作项目应明确到分项工程或更具体，以满足指导施工作业、控制施工进度的要求。例如在装配式单层厂房实施性施工进度计划中，应将基础工程进一步划分为挖基础、做垫层、砌基础、回填土等分项工程。

由于单位工程中的工作项目较多，应在熟悉施工图纸的基础上，根据建筑结构特点及已确定的施工方案，按施工顺序逐项列出，以防止漏项或重项。凡是与工程对象施工直接有关的内容均应列入计划，而不属于直接施工的辅助性项目和服务性项目则不必列入。例如在多层混合结构住宅建筑工程施工进度计划中，应将主体工程中的搭脚手架，砌砖墙，现浇圈梁、大梁及板混凝土，安装预制楼板和灌缝等施工过程列入。而完成主体工程中的运转、砂浆及混凝土，搅拌混凝土和砂浆，以及楼板的预制和运输等项目，既不是在建筑物上直接完成，也不占用工期，则不必列入计划之中。

另外，有些分项工程在施工顺序上和时间安排上是相互穿插进行的，或者是由同一专业施工队完成的。为了简化进度计划的内容，应尽量将这些项目合并，以突出重点。例如，防潮层施工可以合并在砌筑基础项目内，安装门窗框可以并入砌墙工程。

2. 确定施工顺序

确定施工顺序是为了按照施工的技术规律和合理的组织关系，解决各工作项目之间在时间上的先后和搭接问题，以达到保证质量、安全施工、充分利用空间、争取时间、实现合理安排工期的目的。

一般说来，施工顺序受施工工艺和施工组织两方面的制约。当施工方案确定之后，工作项目之间的工艺关系也就随之确定。如果违背这种关系，将不可能施工，或者导致工程质量事故和安全事故的出现，或者造成返工浪费。

工作项目之间的组织关系是由于劳动力、施工机械、材料和构配件等资源的组织和安排需要而形成的。它不是由工程本身决定的，而是一种人为的关系。组织方式不同，组织关系也就不同。不同的组织关系会产生不同的经济效果，应通过调整组织关系，并将工艺关系和组织关系有机地结合起来，形成工作项目之间的合理顺序关系。

不同的工程项目，其施工顺序不同。即使是同一类工程项目，其施工顺序也难以做到完全相同。因此，在确定施工顺序时，必须根据工程的特点、技术组织要求以及施工方案等进行研究，不能拘泥于某种固定的顺序。

3. 计算工程量

工程量的计算应根据施工图和工程量计算规则，针对所划分的每一个工作项目进行。当编制施工进度计划时已有预算文件，且工作项目的划分与施工进度计划一致时，可以直接套用施工预算的工程量，不必重新计算。若某些项目有出入，但出入不大时，应结合工程的实际情况进行某些必要的调整。计算工程量时应注意以下问题：

（1）工程量的计算单位应与现行定额手册中所规定的计量单位相一致，以便计算劳动力、材料和机械数量时直接套用定额，而不必进行换算。

（2）要结合具体的施工方法和安全技术要求计算工程量。例如计算柱基土方工程量时，应根据所采用的施工方法（单独基坑开挖、基槽开挖还是大开挖）和边坡稳定要求（放边坡还是加支撑）进行计算。

（3）应结合施工组织的要求，按已划分的施工段分层分段进行计算。

4. 计算劳动量和机械台班数

当某工作项目是由若干个分项工程合并而成时，则应分别根据各分项工程的时间定额（或产量定额）及工程量，按公式（6-1）计算出合并后的综合时间定额（或综合产量定额）。

$$H=（Q_1H_1+Q_2H_2+\cdots+Q_iH_i+\cdots+Q_nH_n）/（Q_1+Q_2+\cdots+Q_i+\cdots+Q_n）\quad(6\text{-}1)$$

式中 H——综合时间定额（工日/m³，工日/m²，工日/t，……）；

Q_i——工作项目中第 i 个分项工程的工程量；

H_i——工作项目中第 i 个分项工程的时间定额。

根据工作项目的工程量和所采用的定额，即可按公式（6-2）或公式（6-3）计算出各工作项目所需要的劳动量和机械台班数。

$$P=Q \cdot H \quad\quad\quad\quad\quad (6\text{-}2)$$

或 $$P=Q/S \quad\quad\quad\quad\quad (6\text{-}3)$$

式中 P——工作项目所需要的劳动量（工日）或机械台班数（台班）；

Q——工作项目的工程量（m³，m²，t，……）；

S——工作项目所采用的人工产量定额（m³/工日，m²/工日，t/工日，……）或机

第六章

械台班产量定额（m³/台班，m²/台班，t/台班，……）。

其他符号同上。

零星项目所需要的劳动量可结合实际情况，根据承包单位的经验进行估算。

由于水暖电卫等工程通常由专业施工单位施工，因此，在编制施工进度计划时，不计算其劳动量和机械台班数，仅安排其与土建施工相配合的进度。

5. 确定工作项目的持续时间

根据工作项目所需要的劳动量或机械台班数，以及该工作项目每天安排的工人数或配备的机械台数，即可按公式（6-4）计算出各工作项目的持续时间。

$$D = P / (R \cdot B) \tag{6-4}$$

式中　D——完成工作项目所需要的时间，即持续时间（天）；

　　　R——每班安排的工人数或施工机械台数；

　　　B——每天工作班数。

其他符号同前。

在安排每班工人数和机械台数时，应综合考虑以下问题：

（1）要保证各个工作项目上工人班组中每一个工人拥有足够的工作面（不能少于最小工作面），以发挥高效率并保证施工安全。

（2）要使各个工作项目上的工人数量不低于正常施工时所必需的最低限度（不能小于最小劳动组合），以达到最高的劳动生产率。

由此可见，最小工作面限定了每班安排人数的上限，而最小劳动组合限定了每班安排人数的下限。对于施工机械台数的确定也是如此。

每天的工作班数应根据工作项目施工的技术要求和组织要求来确定。例如浇筑大体积混凝土，要求不留施工缝连续浇筑时，就必须根据混凝土工程量决定采用双班制或三班制。

以上是根据安排的工人数和配备的机械台班数来确定工作项目的持续时间。但有时根据组织要求（如组织流水施工时），需要采用倒排的方式来安排进度，即先确定各工作项目的持续时间，然后以此来确定所需要的工人数和机械台数。此时，需要把公式（6-4）变换成公式（6-5）。利用该公式即可确定各工作项目所需要的工人数和机械台数。

$$R = P / (D \cdot B) \tag{6-5}$$

如果根据上式求得的工人数或机械台数已超过承包单位现有的人力、物力，除了寻求其他途径增加人力、物力外，承包单位应从技术上和施工组织上采取积极措施加以解决。

6. 绘制施工进度计划图

绘制施工进度计划图，首先应选择施工进度计划的表达形式。目前，常用来表达建设工程施工进度计划的方法有横道图和网络图两种形式。横道图比较简单，而且非常直观，多年来被人们广泛地用于表达施工进度计划，并以此作为控制工程进度的主要依据。

但是，采用横道图控制工程进度具有一定的局限性。随着计算机的广泛应用，网络计划技术日益受到人们的青睐。

图 6-6 为现浇框架结构标准层施工网络计划。标准层有柱、抗震墙、电梯井、楼梯、梁、楼板及暗管铺设等工作项目，其中柱和抗震墙是先绑扎钢筋，再支模板；电梯井是先支内模板，再绑扎钢筋，然后再支外模板；楼梯、梁和楼板则是先支模板，再绑扎钢筋。

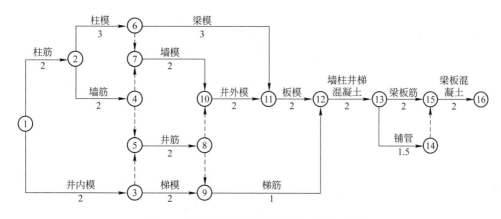

图 6-6　现浇框架结构标准层施工网络计划

7. 施工进度计划的检查与调整

当施工进度计划初始方案编制好后，需要对其进行检查与调整，以便使进度计划更加合理，进度计划检查的主要内容包括：

（1）各工作项目的施工顺序、平行搭接和技术间歇是否合理。

（2）总工期是否满足合同规定。

（3）主要工种的工人是否能满足连续、均衡施工的要求。

（4）主要机具、材料等的利用是否均衡和充分。

在上述四个方面中，首要的是前两方面的检查，如果不满足要求，必须进行调整。只有在前两个方面均达到要求的前提下，才能进行后两个方面的检查与调整。前者是解决可行与否的问题，而后者则是优化的问题。

进度计划的初始方案若是网络计划，则可以利用第三章所述的方法分别进行工期优化、费用优化及资源优化。待优化结束后，还可将优化后的方案用时标网络计划表达出来，以便有关人员更直观地了解进度计划。

三、项目监理机构对施工进度计划的审查

在工程项目开工前，项目监理机构应审查施工单位报审的施工总进度计划和阶段性施工进度计划，提出审查意见，并应由总监理工程师审核后报建设单位。

施工进度计划审查应包括下列基本内容：

（1）施工进度计划应符合施工合同中工期的约定。施工单位编制的施工总进度计划必须符合施工合同约定的工期要求，满足施工总工期的目标要求，阶段性进度计划必须与总进度计划目标相一致。将施工总进度计划分解成阶段性施工进度计划是为了确保总进度计划的完成。因此，阶段性进度计划更应具有可操作性。

（2）施工进度计划中主要工程项目无遗漏，应满足分批投入试运、分批动用的需要，阶段性施工进度计划应满足总进度控制目标的要求。

（3）施工顺序的安排应符合施工工艺要求。

（4）施工人员、工程材料、施工机械等资源供应计划应满足施工进度计划的需要。

（5）施工进度计划应符合建设单位提供的资金、施工图纸、施工场地、物资等施工条件。

项目监理机构收到施工单位报审的施工总进度计划和阶段性施工进度计划时，应对照本条文所述的内容进行审查，提出审查意见。发现问题时，应以监理通知单的方式及时向施工单位提出书面修改意见，并对施工单位调整后的进度计划重新进行审查，发现重大问题时应及时向建设单位报告。施工进度计划经总监理工程师审核签认，并报建设单位批准后方可实施。

第四节　施工进度计划实施中的检查与调整

施工进度计划由承包单位编制完成后，应提交给监理工程师审查，待监理工程师审查确认后即可付诸实施。承包单位在执行施工进度计划的过程中，应接受监理工程师的监督与检查。而监理工程师应定期向业主报告工程进展状况。

一、影响建设工程施工进度的因素

为了对建设工程施工进度进行有效的控制，监理工程师必须在施工进度计划实施之前对影响建设工程施工进度的因素进行分析，进而提出保证施工进度计划实施成功的措施，以实现对建设工程施工进度的主动控制。影响建设工程施工进度的因素有很多，归纳起来，主要有以下几个方面：

(一) 工程建设相关单位的影响

影响建设工程施工进度的单位不只是施工承包单位。事实上，只要是与工程建设有关的单位（如政府部门、业主、设计单位、物资供应单位、资金贷款单位，以及运输、通信、供电部门等），其工作进度的拖后必将对施工进度产生影响。因此，控制施工进度仅仅考虑施工承包单位是不够的，必须充分发挥监理的作用，协调各相关单位之间的进度关系。而对于那些无法进行协调控制的进度关系，在进度计划的安排中应留有足够的机动时间。

(二) 物资供应进度的影响

施工过程中需要的材料、构配件、机具和设备等如果不能按期运抵施工现场或者是运抵施工现场后发现其质量不符合有关标准的要求，都会对施工进度产生影响。因此，监理工程师应严格把关，采取有效的措施控制好物资供应进度。

(三) 资金的影响

工程施工的顺利进行必须有足够的资金作保障。一般来说，资金的影响主要来自业主，或者是由于没有及时给足工程预付款，或者是由于拖欠了工程进度款，这些都会影响到承包单位流动资金的周转，进而殃及施工进度。监理工程师应根据业主的资金供应能力，安排好施工进度计划，并督促业主及时拨付工程预付款和工程进度款，以免因资金供应不足拖延进度，导致工期索赔。

(四) 设计变更的影响

在施工过程中出现设计变更是难免的，或者是由于原设计有问题需要修改，或者是由于业主提出了新的要求。监理工程师应加强图纸的审查，严格控制随意变更，特别应对业主的变更要求进行制约。

(五) 施工条件的影响

在施工过程中一旦遇到气候、水文、地质及周围环境等方面的不利因素，必然会影响到施工进度。此时，承包单位应利用自身的技术组织能力予以克服。监理工程师应积极疏通关系，协助承包单位解决那些自身不能解决的问题。

（六）各种风险因素的影响

风险因素包括政治、经济、技术及自然等方面的各种可预见或不可预见的因素。政治方面的有战争、内乱、罢工、拒付债务、制裁等；经济方面的有延迟付款、汇率浮动、换汇控制、通货膨胀、分包单位违约等；技术方面的有工程事故、试验失败、标准变化等；自然方面的有地震、洪水等。监理工程师必须对各种风险因素进行分析，提出控制风险、减少风险损失及对施工进度影响的措施，并对发生的风险事件给予恰当的处理。

（七）承包单位自身管理水平的影响

施工现场的情况千变万化，如果承包单位的施工方案不当，计划不周，管理不善，解决问题不及时等，都会影响建设工程的施工进度。承包单位应通过分析、总结吸取教训，及时改进。而监理工程师应提供服务，协助承包单位解决问题，以确保施工进度控制目标的实现。正是由于上述因素的影响，才使得施工阶段的进度控制显得非常重要。在施工进度计划的实施过程中，监理工程师一旦掌握了工程的实际进展情况以及产生问题的原因之后，其影响是可以得到控制的。当然，上述某些影响因素，如自然灾害等是无法避免的，但在大多数情况下，其损失是可以通过有效的进度控制而得到弥补的。

二、施工进度的动态检查

在施工进度计划的实施过程中，由于各种因素的影响，常常会打乱原始计划的安排而出现进度偏差。因此，监理工程师必须对施工进度计划的执行情况进行动态检查，并分析进度偏差产生的原因，以便为施工进度计划的调整提供必要的信息。

（一）施工进度的检查方式

在建设工程施工过程中，监理工程师可以通过以下方式获得其实际进展情况：

1. 定期地、经常地收集由承包单位提交的有关进度报表资料

工程施工进度报表资料不仅是监理工程师实施进度控制的依据，同时也是其核对工程进度款的依据。在一般情况下，进度报表格式由监理单位提供给施工承包单位，施工承包单位按时填写完后提交给监理工程师核查。报表的内容根据施工对象及承包方式的不同而有所区别，但一般应包括工作的开始时间、完成时间、持续时间、逻辑关系、实物工程量和工作量，以及工作时差的利用情况等。承包单位若能准确地填报进度报表，监理工程师就能从中了解到建设工程的实际进展情况。

2. 由驻地监理人员现场跟踪检查建设工程的实际进展情况

为了避免施工承包单位超报已完工程量，驻地监理人员有必要进行现场实地检查和监督。至于每隔多长时间检查一次，应视建设工程的类型、规模、监理范围及施工现场的条件等多方面的因素而定。可以每月或每半月检查一次，也可每旬或每周检查一次。如果在某一施工阶段出现不利情况时，甚至需要每天检查。

除上述两种方式外，由监理工程师定期组织现场施工负责人召开现场会议，也是获得建设工程实际进展情况的一种方式。通过这种面对面的交谈，监理工程师可以从中了解到施工过程中的潜在问题，以便及时采取相应的措施加以预防。

（二）施工进度的检查方法

施工进度检查的主要方法是对比法。即利用第四章所述的方法将经过整理的实际进度数据与计划进度数据进行比较，从中发现是否出现进度偏差以及进度偏差的大小。通过检

查分析，如果进度偏差比较小，应在分析其产生原因的基础上采取有效措施，解决矛盾，排除障碍，继续执行原进度计划。如果经过努力，确实不能按原计划实现时，再考虑对原计划进行必要的调整，即适当延长工期，或改变施工速度。计划的调整一般是不可避免的，但应当慎重，尽量减少变更计划性的调整。

三、施工进度计划的调整

通过检查分析，如果发现原有进度计划已不能适应实际情况时，为了确保进度控制目标的实现或需要确定新的计划目标，就必须对原有进度计划进行调整，以形成新的进度计划，作为进度控制的新依据。

施工进度计划的调整方法如第四章所述，主要有两种：一种是通过缩短某些工作的持续时间来缩短工期；另一种是通过改变某些工作间的逻辑关系来缩短工期。在实际工作中应根据具体情况选用上述方法进行进度计划的调整。

（一）缩短某些工作的持续时间

这种方法的特点是不改变工作之间的先后顺序关系，通过缩短网络计划中关键线路上工作的持续时间来缩短工期。这时，通常需要采取一定的措施来达到目的。具体措施包括：

1. 组织措施

（1）增加工作面，组织更多的施工队伍；

（2）增加每天的施工时间（如采用三班制等）；

（3）增加劳动力和施工机械的数量。

2. 技术措施

（1）改进施工工艺和施工技术，缩短工艺技术间歇时间；

（2）采用更先进的施工方法，以减少施工过程的数量（如将现浇框架方案改为预制装配方案）；

（3）采用更先进的施工机械。

3. 经济措施

（1）实行包干奖励；

（2）提高奖金数额；

（3）对所采取的技术措施给予相应的经济补偿。

4. 其他配套措施

（1）改善外部配合条件；

（2）改善劳动条件；

（3）实施强有力的调度等。

一般来说，不管采取哪种措施，都会增加费用。因此，在调整施工进度计划时，应利用费用优化的原理选择费用增加量最小的关键工作作为压缩对象。

（二）改变某些工作间的逻辑关系

这种方法的特点是不改变工作的持续时间，而只改变工作的开始时间和完成时间。对于大型建设工程，由于其单位工程较多且相互间的制约比较小，可调整的幅度比较大，所以容易采用平行作业的方法来调整施工进度计划。而对于单位工程项目，由于受工作之间工艺关系的限制，可调整的幅度比较小，所以通常采用搭接作业的方法来调整施工进度计

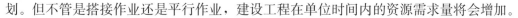

划。但不管是搭接作业还是平行作业，建设工程在单位时间内的资源需求量将会增加。

除了分别采用上述两种方法来缩短工期外，有时由于工期拖延得太多，当采用某种方法进行调整，其可调整的幅度又受到限制时，还可以同时利用这两种方法对同一施工进度计划进行调整，以满足工期目标的要求。

第五节　工　程　延　期

如前所述，在建设工程施工过程中，其工期的延长分为工程延误和工程延期两种。虽然它们都是使工程拖期，但由于性质不同，因而业主与承包单位所承担的责任也就不同。如果是属于工程延误，则由此造成的一切损失由承包单位承担。同时，业主还有权对承包单位施行误期违约罚款。而如果是属于工程延期，则承包单位不仅有权要求延长工期，而且还有权向业主提出赔偿费用的要求以弥补由此造成的额外损失。因此，监理工程师是否将施工过程中工期的延长批准为工程延期，对业主和承包单位都十分重要。

一、工程延期的申报与审批

（一）申报工程延期的条件

由于以下原因导致工程拖期，承包单位有权提出延长工期的申请，监理工程师应按合同规定，批准工程延期时间。

（1）监理工程师发出工程变更指令而导致工程量增加；

（2）合同所涉及的任何可能造成工程延期的原因，如延期交图、工程暂停、对合格工程的剥离检查及不利的外界条件等；

（3）异常恶劣的气候条件；

（4）由业主造成的任何延误、干扰或障碍，如未及时提供施工场地、未及时付款等；

（5）除承包单位自身以外的其他任何原因。

（二）工程延期的审批程序

工程延期的审批程序如图6-7所示。当工程延期事件发生后，承包单位应在合同规定的有效期内以书面形式通知监理工程师（即工程延期意向通知），以便监理工程师尽早了解所发生的事件，及时作出一些减少延期损失的决定。随后，承包单位应在合同规定的有效期内（或监理工程师可能同意的合理期限内）向监理工程师提交详细的申述报告（延期理由及依据）。监理工程师收到该报告后应及时进行调查核实，准确地确定出工程延期时间。当延期事件具有持续性，承包单位在合同规定的有效期内不能提交最终详细的申述报告时，应先向监理工程师提交阶段性的详情报告。监理工程师应在调查核实阶段性报告的基础上，尽快作出延长工期的临时决定。临时决定的延期时间不宜太长，一般不超过最终批准的延期时间。

待延期事件结束后，承包单位应在合同规定的期限内向监理工程师提交最终的详情报告。监理工程师应复查详情报告的全部内容，然后确定该延期事件所需要的延期时间。

如果遇到比较复杂的延期事件，监理工程师可以成立专门小组进行处理。对于一时难以作出结论的延期事件，即使不属于持续性的事件，也可以采用先作出临时延期的决定，然后再作出最后决定的办法。这样既可以保证有充足的时间处理延期事件，又可以避免由于处理不及时而造成的损失。

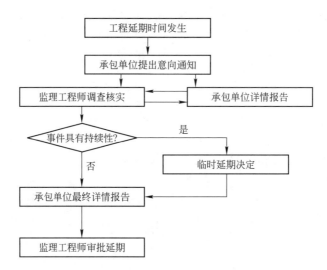

图 6-7　工程延期的审批程序

监理工程师在作出临时工程延期批准或最终工程延期批准之前，均应与业主和承包单位进行协商。

（三）工程延期的审批原则

监理工程师在审批工程延期时应遵循下列原则：

1. 合同条件

监理工程师批准的工程延期必须符合合同条件。也就是说，导致工期拖延的原因确实属于承包单位自身以外的，否则不能批准为工程延期。这是监理工程师审批工程延期的一条根本原则。

2. 影响工期

延期事件的工程部位，无论其是否处在施工进度计划的关键线路上，只有当所延长的时间超过其相应的总时差而影响到工期时，才能批准工程延期。如果延期事件发生在非关键线路上，且延长的时间并未超过总时差时，即使符合批准为工程延期的合同条件，也不能批准工程延期。

应当说明，建设工程施工进度计划中的关键线路并非固定不变，它会随着工程的进展和情况的变化而转移。监理工程师应以承包单位提交的、经自己审核后的施工进度计划（不断调整后）为依据来决定是否批准工程延期。

3. 实际情况

批准的工程延期必须符合实际情况。为此，承包单位应对延期事件发生后的各类有关细节进行详细记载，并及时向监理工程师提交详细报告。与此同时，监理工程师也应对施工现场进行详细考察和分析，并做好有关记录，以便为合理确定工程延期时间提供可靠依据。

【例 6-2】　某建设工程业主与监理单位、施工单位分别签订了监理委托合同和施工合同，合同工期为 18 个月。在工程开工前，施工承包单位在合同约定的时间内向监理工程师提交了施工总进度计划如图 6-8 所示。

该计划经监理工程师批准后开始实施，在施工过程中发生以下事件：

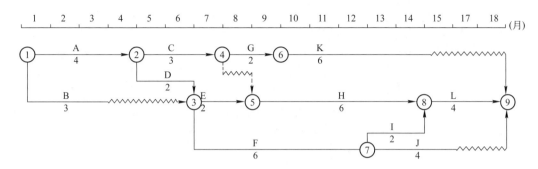

图 6-8　某工程施工总进度计划

（1）因业主要求需要修改设计，致使工作 K 停工等待图纸 3.5 个月；

（2）部分施工机械由于运输原因未能按时进场，致使工作 H 的实际进度拖后 1 个月；

（3）由于施工工艺不符合施工规范要求，发生质量事故而返工，致使工作 F 的实际进度拖后 2 个月。

承包单位在合同规定的有效期内提出工期延长 3.5 个月的要求，监理工程师应批准工程延期多长时间？为什么？

【解】　由于工作 H 和工作 F 的实际进度拖后均属于承包单位自身原因，只有工作 K 的拖后可以考虑给予工程延期。从图 6-8 可知，工作 K 原有总时差为 3 个月，该工作停工待图 3.5 个月，只影响工期 0.5 个月，故监理工程师应批准工程延期 0.5 个月。

二、工程延期的控制

发生工程延期事件，不仅影响工程的进展，而且会给业主带来损失。因此，监理工程师应做好以下工作，以减少或避免工程延期事件的发生。

1. 选择合适的时机下达工程开工令

监理工程师在下达工程开工令之前，应充分考虑业主的前期准备工作是否充分。特别是征地、拆迁问题是否已解决，设计图纸能否及时提供，以及付款方面有无问题等，以避免由于上述问题缺乏准备而造成工程延期。

2. 提醒业主履行施工承包合同中所规定的职责

在施工过程中，监理工程师应经常提醒业主履行自己的职责，提前做好施工场地及设计图纸的提供工作，并能及时支付工程进度款，以减少或避免由此而造成的工程延期。

3. 妥善处理工程延期事件

当延期事件发生以后，监理工程师应根据合同规定进行妥善处理。既要尽量减少工程延期时间及其损失，又要在详细调查研究的基础上合理批准工程延期时间。

此外，业主在施工过程中应尽量减少干预、多协调，以避免由于业主的干扰和阻碍而导致延期事件的发生。

三、工程延误的处理

如果由于承包单位自身的原因造成工期拖延，而承包单位又未按照监理工程师的指令改变延期状态时，通常可以采用下列手段进行处理：

1. 拒绝签署付款凭证

当承包单位的施工活动不能使监理工程师满意时，监理工程师有权拒绝承包单位的支付申请。因此，当承包单位的施工进度拖后且又不采取积极措施时，监理工程师可以采取拒绝签署付款凭证的手段制约承包单位。

2. 误期损失赔偿

拒绝签署付款凭证一般是监理工程师在施工过程中制约承包单位延误工期的手段，而误期损失赔偿则是当承包单位未能按合同规定的工期完成合同范围内的工作时对其的处罚。如果承包单位未能按合同规定的工期和条件完成整个工程，则应向业主支付投标书附件中规定的金额，作为该项违约的损失赔偿费。

3. 取消承包资格

如果承包单位严重违反合同，又不采取补救措施，则业主为了保证合同工期有权取消其承包资格。例如：承包单位接到监理工程师的开工通知后，无正当理由推迟开工时间，或在施工过程中无任何理由要求延长工期，施工进度缓慢，又无视监理工程师的书面警告等，都有可能受到取消承包资格的处罚。

取消承包资格是对承包单位违约的严厉制裁。因为业主一旦取消了承包单位的承包资格，承包单位不但要被驱逐出施工现场，而且还要承担由此而造成的业主的损失费用。这种惩罚措施一般不轻易采用，而且在作出这项决定前，业主必须事先通知承包单位，并要求其在规定的期限内做好辩护准备。

第六节　物资供应进度控制

建设工程物资供应是实现建设工程投资、进度和质量三大目标控制的物质基础。正确的物资供应渠道与合理的供应方式可以降低工程费用，有利于投资目标的实现；完善合理的物资供应计划是实现进度目标的根本保证；严格的物资供应检查制度是实现质量目标的前提。因此，保证建设工程物资及时而合理供应，乃是监理工程师必须重视的问题。

一、物资供应进度控制概述

(一) 物资供应进度控制的含义

建设工程物资供应进度控制是指在一定的资源（人力、物力、财力）条件下，为实现工程项目一次性特定目标而对物资的需求进行计划、组织、协调和控制的过程。其中，计划是将建设工程所需物资的供给纳入计划轨道，进行预测、预控，使整个供给有序地进行；组织是划清供给过程中诸方的责任、权力和利益，通过一定的形式和制度，建立高效率的组织保证体系，确保物资供应计划的顺利实施；协调主要是针对供应的不同阶段，沟通不同单位和部门之间的情况，协调其步调，使物资供应的整个过程均衡而有节奏地进行；控制是对物资供应过程的动态管理，需要经常地、定期地将实际供应情况与计划进行对比，发现问题，及时进行调整，使物资供应计划的实施始终处在动态循环控制过程中，以确保建设工程所需物资按时供给，最终实现供应目标。

根据建设工程项目的特点，在物资供应进度控制中应注意以下几个问题：

(1) 由于建设工程的特殊性和复杂性，从而使物资的供应存在一定的风险性。因此，要求编制周密的计划并采用科学的管理方法。

(2) 由于建设工程项目局部的系统性和整体的局部性，要求对物资的供应建立保证体

系，并处理好物资供应与投资、进度、质量之间的关系。

（3）物资的供应涉及众多不同的单位和部门，因而给物资供应管理工作带来一定的复杂性，这就要求与有关的供应部门认真签订合同，明确供求双方的权利和义务，并加强各单位、各部门之间的协调。

（二）物资供应进度控制目标

建设工程物资供应是一个复杂的系统过程，为了确保这个系统过程的顺利实施，必须首先确定这个系统的目标（包括系统的分目标），并为此目标制定不同时期和不同阶段的物资供应计划，用以指导实施。物资供应的总目标就是按照物资需求适时、适地、按质、按量以及成套齐备地提供给使用部门，以保证项目投资目标、进度目标和质量目标的实现。为了总目标的实现，还应确定相应的分目标。目标一经确定，应通过一定的形式落实到各有关的物资供应部门，并以此作为考核和评价其工作的依据。

对物资供应进行控制，必须确保：

（1）按照计划所规定的时间供应各种物资。如果供应时间过早，将会增大仓库和施工场地的使用面积；如果供应时间过晚，则会造成停工待料，影响施工进度计划的实施。

（2）按照规定的地点供应物资。对于大中型建设工程，由于单位工程多，施工场地范围大，如果卸货地点不适当，则会造成二次搬运，增加费用。

（3）按规定的质量标准（包括品种与规格）供应物资。特别要避免由于质量、品种及规格不符合标准要求。如果标准低，则会降低工程质量；而标准高则会增加材料费，增大投资额。

（4）按规定的数量供应物资。如果数量过多，则会造成超储积压，占用流动资金；如果数量过少，则会出现停工待料，影响施工进度，延误工期。

（5）按规定的要求使所需物资齐全、配套、零配件齐备，符合工程需要，成套齐备地供应施工机械和设备，充分发挥其生产效率。

事实上，物资供应进度与工程实施进度是相互衔接的。建设工程实施过程中经常遇到的问题，就是由于物资的到货日期推迟而影响施工进度。而且在大多数情况下，引起到货日期推迟的因素是不可避免的，也是难以控制的。但是，如果控制人员随时掌握物资供应的动态信息，并能及时地采取相应的补救措施，就可以避免因到货日期推迟所造成的损失或者把损失减少到最低程度。

为了有效地解决好以上问题，必须认真确定物资供应目标（总目标和分目标），并合理制定物资供应计划。在确定目标和编制计划时，应着重考虑以下因素：

（1）能否按施工进度计划的需要及时供应材料，这是保证建设工程顺利实施的物质基础；

（2）资金能否得到保证；

（3）物资的需求是否超出市场供应能力；

（4）物资可能的供应渠道和供应方式；

（5）物资的供应有无特殊要求；

（6）已建成的同类或相似建设工程的物资供应目标和计划实施情况；

（7）其他，如市场条件、气候条件、运输条件等。

二、物资供应进度控制的工作内容

（一）物资供应计划的编制

建设工程物资供应计划是对建设工程施工及安装所需物资的预测和安排，是指导和组织建设工程物资采购、加工、储备、供货和使用的依据。其根本作用是保障建设工程的物资需要，保证建设工程按施工进度计划组织施工。

编制物资供应计划的一般程序分为：准备阶段和编制阶段。准备阶段主要是调查研究，收集有关资料，进行需求预测和购买决策。编制阶段主要是核算需要、确定储备、优化平衡，审查评价和上报或交付执行。

在编制物资供应计划的准备阶段，监理工程师必须明确物资的供应方式。按供应单位划分，物资供应可分为：建设单位采购供应、专门物资采购部门供应、施工单位自行采购或共同协作分头采购供应。

物资供应计划按其内容和用途分类，主要包括：物资需求计划、物资供应计划、物资储备计划、申请与订货计划、采购与加工计划和国外进口物资计划。

通常，监理工程师除编制建设单位负责供应的物资计划外，还需对施工单位和专门物资采购供应部门提交的物资供应计划进行审核。因此，负责物资供应的监理人员应具有编制物资供应计划的能力。

1. 物资需求计划的编制

物资需求计划是指反映完成建设工程所需物资情况的计划。它的编制依据主要有：施工图纸、预算文件、工程合同、项目总进度计划和各分包工程提交的材料需求计划等。物资需求计划的主要作用是确认需求，施工过程中所涉及的大量建筑材料、制品、机具和设备，确定其需求的品种、型号、规格、数量和时间。它为组织备料、确定仓库与堆场面积和组织运输等提供依据。

物资需求计划一般包括一次性需求计划和各计划期需求计划。编制需求计划的关键是确定需求量。

（1）建设工程一次性需求量的确定。一次性需求计划，反映整个工程项目及各分部、分项工程材料的需用量，亦称工程项目材料分析。主要用于组织货源和专用特殊材料、制品的落实。其计算程序可分为三步：

1）根据设计文件、施工方案和技术措施计算或直接套用施工预算中建设工程各分部、分项的工程量。

2）根据各分部、分项的施工方法套取相应的材料消耗定额，求得各分部、分项工程各种材料的需求量。

3）汇总各分部、分项工程的材料需求量，求得整个建设工程各种材料的总需求量。

（2）建设工程各计划期需求量的确定。计划期物资需求量一般是指年、季、月度物资需求计划，主要用于组织物资采购、订货和供应。主要依据已分解的各年度施工进度计划，按季、月作业计划确定相应时段的需求量。其编制方式有两种：计算法和卡段法。计算法是根据计划期施工进度计划中的各分部、分项工程量，套取相应的物资消耗定额，求得各分部、分项工程的物资需求量，然后再汇总求得计划期各种物资的总需求量。卡段法是根据计划期施工进度的形象部位，从工程项目一次性计划中摘出与施工计划相应部位的需求量，然后汇总求得计划期各种物资的总需求量。

物资需求量计划的参考格式如表6-3～表6-9所示。

主要材料需求量计划 表 6-3

序号	材料名称	规格	需要量		需要时间	备注
			单位	重量		

材料需求计划 表 6-4

序号	分项工程	计量单位	实物工程量	材料名称及数量								
				钢材		木材		水泥		×××		
				定额(kg)	数量(t)	定额(m³)	数量(m³)	定额(kg)	数量(t)			
甲	乙	丙	1	2	3	4	5	6	7	8	9	10

材料需求计划汇总表 表 6-5

序号	材料名称	规格质量	计量单位	需求合计	各工程项目需求量			需要时间			
					××工程	××工程	××工程	季(月)	季(月)	季(月)	季(月)
甲	乙	丙	丁	1	2	3	4	…	…	…	…

构件、配件需求量计划 表 6-6

序号	品名	规格	图号	需求量		使用部位	加工单位	需用时间	备注
				单位	数量				

施工机具需求量计划 表 6-7

序号	机械名称	机械类型(规格)	需求量		来源	使用起讫时间	备注
			单位	数量			

主要设备需求量计划 表 6-8

序号	设备名称	简要说明(型号、生产率等)	数量	需求量							
				20××年				20××年			
				一	二	三	四	一	二	三	四

第六章

建设项目土建工程所需各项物资汇总表 表 6-9

序号	类别	物资名称	单位	总计	运输线路	上下水工程	电气工程	工业建筑		居民建筑		其他临时建筑	需求量							
								主要	辅助及附属	永久性住宅	临时性住宅		20××年				20××年			
													一	二	三	四	一	二	三	四
	构件及半成品	钢筋 钢筋混凝土及混凝土 木结构 钢结构 砂浆 ……																		
	主要建筑材料	砖 水泥 钢材 ……																		

2. 物资储备计划的编制

物资储备计划是用来反映建设工程施工过程中所需各类材料储备时间及储备量的计划。它的编制依据是物资需求计划、储备定额、储备方式、供应方式和场地条件等。材料储备计划如表 6-10 所示。它的作用是为保证施工所需材料的连续供应而确定的材料合理储备。

材料储备计划 表 6-10

序号	材料名称	规格质量	计量单位	全年计划需求量	平均日耗量	储备天数			储备量	
						合计	经常储备	保险储备	最高	最低
甲	乙	丙	丁	1	2	3	4	5	6	7

3. 物资供应计划的编制

物资供应计划是反映物资的需要与供应的平衡，挖潜利库，安排供应的计划。它的编制依据是需求计划、储备计划和货源资料等。它的作用是组织指导物资供应工作。

物资供应计划的编制，是在确定计划需求量的基础上，经过综合平衡后，提出申请量和采购量。因此，供应计划的编制过程也是一个平衡过程，包括数量、时间的平衡。在实际工作中，首先考虑的是数量的平衡，因为计划期的需用量还不是申请量或采购量，也不是实际需用量，还必须扣除库存量，考虑为保证下一期施工所必需的储备量。因此，供应计划的数量平衡关系是：期内需用量减去期初库存量，再加上期末储备量。经过上述平衡，如果出现正值时，说明本期不足，需要补充；反之，如果出现负值，说明本期多余，可供外调。建设工程材料的储备量，主要由材料的供应方式和现场条件决定，一般应保持 35 天的用量。有时可以在施工现场不储备，例如在单层工业厂房施工过程中，预制构件采用随运随吊的吊装施工方案时，不需要储备现场，用多少供多少。

材料供应计划的参考格式如表 6-11 所示。

材料供应计划　　　　表 6-11

序号	材料名称	规格质量	计量单位	需求量				期初库存	节约量	平衡结果			
				合计	工程用料	储备需求	其他需求			多余	不足		
											数量	单价	金额
甲	乙	丙	丁	1	2	3	4	5	6	7	8	9	10

4. 申请、订货计划的编制

申请、订货计划是指向上级要求分配材料的计划和分配指标下达后组织订货的计划。它的编制依据是有关材料供应政策法令、预测任务、概算定额、分配指标、材料规格比例和供应计划。它的主要作用是根据需求组织订货。

物资供应计划确定后，即可以确定主要物资的申请计划，如表 6-12 所示。

××年主要物资申请计划　　　　表 6-12

物资名称	规格质量	计量单位	××年申请计划						备注
			合计	上半年	下半年	其中：分项申请数			
						维修	机械制造	基本建设	
甲	乙	丙	1	2	3	4	5	6	7

订货计划通常采用卡片形式，以便把不同自然属性（如规格、质量、技术条件、代用材料）和交货条件反映清楚。订货卡片填好后，按物资类别汇入订货明细表，如表 6-13 所示。

订货明细表　　　　表 6-13

填报单位_____　　　　　　　　　　　　　　　　　物资类别_____

材料名称	规格	技术要求	计量单位	合计	第　季			第　季			使用地点或到站	收货人
					月	月	月	月	月	月		

国外进口材料计划也使用订货卡片，正常要求中、英文对照填写。制造周期长的关键大型设备在初步设计审批以后安排，一般设备可按工程项目年度计划与设备清单安排订货。

5. 采购、加工计划的编制

采购、加工计划是指向市场采购或专门加工订货的计划。它的编制依据是需求计划、市场供应信息、加工能力及分布。它的作用是组织和指导采购与加工工作。加工、订货计划要附加工详图。加工计划如表 6-14 所示。

加工计划 表 6-14

序号	构件名称规格	数量(件)	折合体积(m³)面积(m²)重量(t)	××建设单位				××建设单位			
				×单位工程		×单位工程		×单位工程		×单位工程	
				件数	折合体积(m³)面积(m²)重量(t)	件数	折合体积(m³)面积(m²)重量(t)	件数	折合体积(m³)面积(m²)重量(t)	件数	折合体积(m³)面积(m²)重量(t)
甲	乙	1	2	3	4	5	6	7	8	9	10

6. 国外进口物资计划的编制

国外进口物资计划是指需要从国外进口的物资在得到动用外汇的批准后,填报进口订货卡,通过外贸谈判并签约。它的编制依据是设计选用进口材料所依据的产品目录、样本。它的主要作用是组织进口材料和设备的供应工作。

首先应编制国外材料、设备、检验仪器、工具等的购置计划,如表 6-15 所示。然后再编制国外引进主要设备到货计划,如表 6-16 所示。在国际招标采购的机电设备合同中,买方(业主)都要求供方按规定的形式,逐月递交一份进度报告,列出所有设计、制造、交付等工作的进度状况。

国外材料、设备、检验仪器、工具购置计划 表 6-15

序号	主要材料设备及工器具名称	规格型号	单位	数量	金额(万元)	资金来源	备注

国外引进主要设备到货计划 表 6-16

| 序号 | 主要设备名称 | 数量(台件/t) | | 发货港口 | 发货日期 | 到港日期 | 备注 |
		合计	其中超限设备				

(二)物资供应计划实施中的动态控制

1. 物资供应进度监测与调整的系统过程

物资供应计划经监理工程师审批后便开始执行。在计划执行过程中,应不断将实际供应情况与计划供应情况进行比较,找出差异,及时调整与控制计划的执行。

在物资供应计划执行过程中,内外部条件的变化可能对其产生影响。例如,施工进度的变化(提前或拖延)、设计变更、价格变化、市场各供应部门突然出现的供货中断以及一些意外情况的发生,都会使物资供应的实际情况与计划不符。因此,在物资供应计划的执行过程中,进度控制人员必须经常地、定期地进行检查,认真收集反映物资供应实际状况的数据资料,并将其与计划数据进行比较,一旦发现实际与计划不符,要及时分析产生问题的原因并提出相应的调整措施。物资供应进度监测与调整的系统过程如图 6-9 所示。

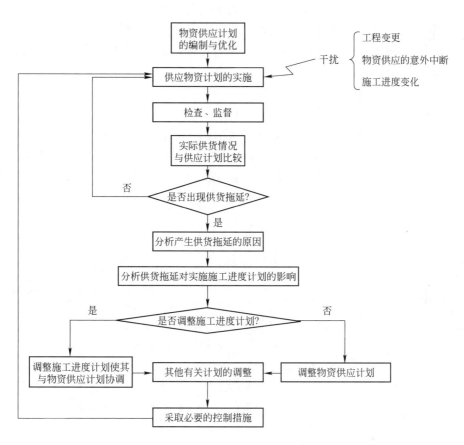

图 6-9　物资供应进度监测与调整的系统过程

2．物资供应计划实施中的检查与调整

（1）物资供应计划的检查

物资供应计划实施中的检查通常包括定期检查（一般在计划期中、期末）和临时检查两种。通过检查收集实际数据，在统计分析和比较的基础上提出物资供应报告。控制人员在检查过程中的一项重要工作就是获得真实的供应报告。

在物资供应计划实施过程中进行检查的重要作用有：

1）发现实际供应偏离计划的情况，以便进行有效的调整和控制；

2）发现计划脱离实际的情况，据此修订计划的有关部分，使之更切合实际情况；

3）反馈计划执行结果，作为下一期决策和调整供应计划的依据。

由于物资供应计划在执行过程中发生变化的可能性始终存在，且难以预估。因此，必须加强计划执行过程中的跟踪检查，以保证物资可靠、经济、及时地供应到现场。一般地，对重要的设备要经常地、定期地进行实地检查，如亲临设备生产厂，亲自了解生产加工情况，检查核对工作负荷，已供应的原材料，已完成的供货单，加工图纸，制作过程以及实际供货状况。例如，美国凯撒工程公司（Kaiser Engineers）将设备采购的检查方式分成 9 类，根据其重要程度，对各类材料设备分别采取不同的跟踪检查方式。如对第 1～4 类材料基本上采取电话联系的方式进行检查；对第 5～8 类，需经常定期地亲自对供应情况进行检查和监督;对第 9 类,则需派专人常驻设备制造厂进行现场监督。物资供应过程经检查后,需提出供应情况报告,主要是对报告期间实际收到材料数量与材料订购数量以及预计的数量进行比较,从中发现问题,预测其对后期工程实施的影响,并根据存在的问题,提出相应的补救措施。

(2) 物资供应计划的调整

在物资供应计划的执行过程中,当发现物资供应过程的某一环节出现拖延现象时,其调整方法与进度计划的调整方法类似,一般采取以下措施进行处理:

1) 如果这种拖延不致影响施工进度计划的执行,则可采取措施加快供货过程的有关环节,以减少此拖延对供货过程本身的影响;如果这种拖延对供货过程本身产生的影响不大,则可直接将实际数据代入,并对供应计划作相应的调整,不必采取加快供货进度的措施。

2) 如果这种拖延将影响施工进度计划的执行,则应首先分析这种拖延是否允许(通常的判别条件是受影响的施工活动是否处在施工进度计划的关键线路上或是否影响到分包合同的执行)。若允许,则可采用 1) 所述调整方法进行调整;若不允许,则必须采取措施加快供应速度,尽可能避免此拖延对执行施工进度计划产生的影响。如果采取加快供货速度的措施后,仍不能避免对施工进度的影响,则可考虑同时加快其他工作施工进度的措施,并尽可能地将此拖延对整个施工进度的影响降低到最低程度。

(三) 监理工程师控制物资供应进度的工作内容

监理工程师受业主的委托,对建设工程投资、进度和质量三大目标进行控制的同时,需要对物资供应进行控制和管理。根据物资供应的方式不同,监理工程师的主要工作内容也有所不同,其基本内容包括:

1. 协助业主进行物资供应的决策

(1) 根据设计图纸和进度计划确定物资供应要求;

(2) 提出物资供应分包方式及分包合同清单,并获得业主认可;

(3) 与业主协商提出对物资供应单位的要求以及在财务方面应负的责任。

2. 组织物资供应招标工作

(1) 组织编制物资供应招标文件

招标文件的内容一般包括:

1) 投标须知;

2) 招标物资清单和技术要求及图纸;

3) 主要合同条款;

4) 规定的投标书格式;

5) 包装及运输方面的要求。

(2) 受理物资供应单位的投标文件

1) 对投标文件进行技术评价。监理工程师可受业主的委托参与投标文件的技术评价。

2) 对投标文件进行商务评价。监理工程师也可受业主的委托对物资供应单位的投标文件进行商务评价。商务评价一般应考虑以下因素:

① 材料、设备价格;

② 包装费及运费；

③ 关税；

④ 价格政策（固定价格还是变动价格）；

⑤ 付款条件；

⑥ 交货时间；

⑦ 材料、设备的重量和体积。

（3）推荐物资供应单位及进行有关工作

1）向业主推荐优选的物资供应单位。投标文件评审后，监理工程师可作为评标委员会成员之一与其他成员一起将优选的物资供应单位推荐给业主，经其认可后即可发包。

2）主持召开物资供应单位的协商会议。监理工程师主持召开物资供应单位的协商会议，进行有关合同的谈判工作。

3）帮助业主拟定并认真履行物资供应合同。在协商谈判的基础上，监理工程师帮助业主拟定正式合同条文，业主与物资供应单位双方签字生效后，付诸实施。

3. 编制、审核和控制物资供应计划

（1）编制物资供应计划

监理工程师编制由业主负责（或业主委托监理单位负责）的物资供应计划，并控制其执行。

（2）审核物资供应计划

物资供应单位或施工承包单位编制的物资供应计划必须经监理工程师审核，并得到认可后才能执行。物资供应计划审核的主要内容包括：

1）供应计划是否能按建设工程施工进度计划的需要及时供应材料和设备；

2）物资的库存量安排是否经济、合理；

3）物资采购安排在时间上和数量上是否经济、合理；

4）由于物资供应紧张或不足而使施工进度拖延现象发生的可能性。

（3）监督检查订货情况，协助办理有关事宜

1）监督、检查物资订货情况；

2）协助办理物资的海运、陆运、空运以及进出口许可证等有关事宜。

（4）控制物资供应计划的实施

1）掌握物资供应全过程的情况。监理工程师要监测从材料、设备订货到材料、设备到达现场的整个过程，及时掌握动态，分析是否存在潜在的问题。

2）采取有效措施保证急需物资的供应。监理工程师对可能导致建设工程拖期的急需材料、设备采取有效措施，促使其及时运到施工现场。

3）审查和签署物资供应情况分析报告。在物资供应过程中，监理工程师要审查和签署物资供应单位的材料设备供应情况分析报告。

4）协调各有关单位的关系。在物资供应过程中，由于某些干扰因素的影响，要进行有关计划的调整。监理工程师要协调涉及的建设、设计、材料供应和施工等单位之间的关系。

思 考 题

1. 确定建设工程施工进度控制目标的依据有哪些?
2. 监理工程师施工进度控制工作包括哪些内容?
3. 单位工程施工进度计划的编制程序和方法包括哪些内容?
4. 施工进度计划审查应包括哪些基本内容?
5. 影响建设工程施工进度的因素有哪些?
6. 监理工程师检查实际施工进度的方式有哪些?
7. 施工进度计划的调整方法有哪些?
8. 承包商申报工程延期的条件是什么?
9. 监理工程师审批工程延期时应遵循什么原则?
10. 监理工程师如何减少或避免工程延期事件的发生?
11. 如何处理工程延误?
12. 确定物资供应进度目标时应考虑哪些问题?
13. 物资供应计划按其内容和用途,可划分为哪几种?
14. 物资供应出现拖延时,应采取哪些处理措施?
15. 监理工程师控制物资供应进度的工作内容包括哪些?

网上增值服务说明

　　为了给全国监理工程师职业资格考试人员提供更优质、持续的服务，我社为购买正版考试图书的读者免费提供网上增值服务，增值服务分为文档增值服务和视频增值服务，具体内容如下：

　　文档增值服务：主要包括各科目的考点解析、应试技巧、在线答疑，每本图书都会提供相应内容的增值服务。

　　视频增值服务：由权威老师进行网络在线授课，对考试用书重点难点内容进行全面讲解，旨在帮助考生掌握重点内容。视频涵盖所有考试科目，网上免费增值服务使用方法如下：

　　注：增值服务从本书发行之日起开始提供，至次年新版图书上市时结束，提供形式为在线阅读、观看。如果输入卡号和密码或扫码后无法通过验证，请及时与我社联系。

　　Email：jls@cabp.com.cn

　　防盗版举报电话：010-58337026，举报查实重奖。

　　网上增值服务如有不完善之处，敬请广大读者谅解。欢迎提出宝贵意见和建议，谢谢！